나만의 여행책 만들기

계획에서 출간까지
6주 만에 완성하는

나만의
여행책
만들기

홍유진 지음

생각정거장

INTRO

우리에게 여행을
꿈꾸게 하는
모든 것

#일상

우리는 매일 여행을 꿈꾼다.
이번 주말엔 근교라도 나가볼까.
모처럼 긴 연휴인데
어디라도 다녀올까.
고된 업무 끝에 받아낸 휴가니까.

#여행 #7박8일휴가는 #7,8초처럼

#흔들리는
　우리

꾹꾹 참으며 견뎌왔던 직장 생활을 더는 버틸 수 없을 때,
아무리 고민해도 해결되지 않는 문제를 만났을 때,
이별의 아픔을 잊고 싶을 때,
인생에 전환점이 필요할 때….

여행을 떠나라고 외치는 신호들은
그럴 때마다 귀신같이 나타난다.
미세한 신호들은 순서대로 들고나길 반복하고,
간격은 점점 더 짧아진다.
그리고 차곡차곡 맞물리면서 점점 더 뚜렷해진다.

책이나 영화 등 이런저런 신호들에
넘어가는 순간은 정말이지 눈 깜짝할 사이다.
정신을 차려보면 이미 비행기 표를 결제한 뒤일지도.

#여행과 #치킨은 #언제나 #옳다

영화 〈김종욱 찾기〉는
많은 여인들을 인도로 보냈다.
〈월터의 상상은 현실이 된다〉와
〈인터스텔라〉는 비현실적인 풍경의
아이슬란드를 꿈꾸게 했고,
〈러브 레터〉는 개봉한 지
벌써 20여 년이 지났지만
매년 겨울 사람들을
일본 홋카이도로 불러 모은다.

#갈땐혼자 #돌아올땐 #둘 #여행의로망 #영화처럼

지독한 독서광으로 유명한 정혜윤 PD는
여행책으로 대리만족을 하다가
시간이 생기면 즉시 여행을 떠났다고 말한다.
몇 번이고 읽었던 그 책을 들고.
어디선가 들려오는 북소리에 이끌려
여행을 떠났다는 무라카미 하루키.
그의 여행에세이《먼 북소리》는
많은 사람들을 유럽으로 가게 했다.
일본이 낳은 세계적인 사진작가 호시노 미치오는
헌책방에서 우연히 본 한 장의 사진에 반해
무작정 알래스카로 떠났다.

#헬요일에는 #여행병 #여행앓이

그리고 ── #여행책

꿈을 자주 꾸면 현실이 된다.
다들 그렇게 떠나서 그렇게 돌아온다.
다시 꿈꾸기 위해 기록을 남기고
기억하기 위해 기록을 펼친다.
아니, 여행을 펼친다.

#오글거리고 #부족해도 #내여행책

하나
여행, 여행작가 그리고 여행책

세엣
여행과 기록

네넷
여행과 사진

다섯
여행과 나만의 여행책

나만의 버킷리스트를 이루다

나는 여행작가로 활동하며 책을 쓰고, 강연을 한다. 천편일률적이고 뻔한 여행책들을 읽다 보니 나만의 개성을 담은 책이 만들고 싶어졌다. 그래서 시작한 여행책 관련 일이 몇 해 지나지 않아 제법 자리를 잡았다. 한겨레교육문화센터에서 '나만의 여행책 만들기'라는 주제로 독립출판 과정을 강의한 지도 벌써 수 년째다.

"유럽여행을 다녀와서 포토북을 만들었어요. 한 권에 5만 원이나 주고 만들었는데 정해진 틀에 사진만 골라 넣은 거라 보면 볼수록 아쉬워요."

"인스타그램에 올린 여행사진이랑 글들을 그냥 두기엔 너무 아까워서 책으로 만들고 싶어요."

"여행에세이를 좋아하는데, 저도 쓸 수 있을 것 같다는 생각도 들거든요. 나만의 여행책을 출간해보는 게 올해의 버킷리스트Bucket list예요."

강의를 하다 보면 꽤 많은 사람으로부터 '나만의 여행책 만들기'가 오래전부터 버킷리스트, 그러니까 죽기 전에 꼭 해보고 싶은 일 중 하나였다는 이야기를 듣는다. 일상을 글로 기록하는 블로거, SNS를 주 활동무대로 글과 사진을 올리는 작가, 엄마와의 여행을 기록하고 싶은 선생님, 서먹해진 아빠와 정서를 나누고 싶은 그림 작가, 카메라로 틈틈이 일상을 담는 회사원, 여행이 취미인 서점 주인 등 저마다 하고 싶은 이야기가 넘친다. 누군가는 나만의 이야기를 모아 출판사에 적극적으로 도전하기도 하지만, 대부분은 마음 속에 담아둔다. 이렇게 많은 이들이 자신의 버킷리스트를 자의든 타의든 일단 뒤로 밀어놓곤 한다.

그러나 사실 나만의 책을 만드는 일은 굳이 '나중에', '언젠가는' 하고 유보해야 할 만큼 어렵거나 힘들지 않다. 실제로 6주 과정인

'나만의 여행책 만들기' 강의를 들은 많은 수강생이 외장하드에 잠자고 있던 사진이나 노트에 끼적여둔 메모를 직접 '책'이라는 결과물로 만들어냈다. 이렇게 여행책 한 권이 완성되면, 시간이 흐르면서 사라지고 말았을 기억들이 고스란히 남게 된다. 사진으로는 표현되지 않는 그 거리의 냄새, 소음, 감정까지….

내가 직접 만든 책은 개인 소장용으로 보관할 수도 있고, 집 앞 작은 동네 서점에서 판매할 수도 있다. 직접 만든 책을 누군가 사가는 모습을 보면 베스트셀러 작가라도 된 듯 뿌듯해진다. 한 번의 경험으로 그치는 경우도 있지만, 후속 작업을 이어가는 사람들도 많은 이유다. 이 경험을 토대로 출판사와 계약하거나 잡지 등에 여행기를 기고해 원고료를 받는 등 본격적인 여행작가로 살고 있는 사람도 적지 않다.

이 책은 '나만의 여행책 만들기'에 도전하는 사람들을 위해 썼다. 그간의 여행작가 수업과 독립출판 강의를 통해 얻은 다양한 사례와 경험을 통해, 혼자서도 쉽게 여행책을 만들 수 있도록 안내한다.

우선 수강생들의 피드백이 가장 좋았던 '테마가 있는' 여행 글쓰기와 '있어 보이는' 여행사진 찍기 노하우를 제시한다. 여행을 떠나고 기록으로 남기는 방법부터 돌아와 여행사진을 정리하는 방법까

지 구체적인 예를 들어 이해를 도왔고, 본격적으로 나만의 여행책
을 만들기 위한 출간 기획부터 인쇄 및 제작 방법도 알기 쉽게 정
리했다.

부록으로 직접 만든 책을 서점으로 유통하는 '깨알 팁'도 담고
있다. 또한 직접 만든 여행책으로 작가가 된 이들의 인터뷰를 통해
나만의 개성을 담은 책을 만들고 싶은 독자들에게 알찬 길잡이가
되어줄 것이다.

얼마 전 작업실로 배송된 택배 상자를 열었다. 거기에는 예쁘게
포장된 책과 함께 손으로 꾹꾹 눌러쓴 엽서가 담겨 있었다.

"덕분에 제 안의 버킷리스트 하나를 이루었습니다. 선생님, 감사
합니다."

이 책을 통해 여러분의 버킷리스트 중 하나도 이룰 수 있기를,
그리하여 여러분의 일상에 소소하고 즐거운 바람이 일기를 진심으
로 바란다.

홍유진

MAKING A TRAVEL BOOK

하나

여행, 여행작가,
그리고 여행책

여행작가로
산다는 것

세상에는 수없이 많은 여행이 존재한다.
바야흐로 여행 전성시대다.
조금이라도 싸게 다녀오기 위해
연초부터 휴가철 비행기 티켓을 구입하는 이들도,
다녀오자마자 다음 여행을 계획하는 이들도 있을 정도다.
그들이 남기는 기록들을 보면
전 국민이 여행작가라고 해도 과언이 아니다.

🖳 여행 전성시대

　가까운 국내의 도시부터 해외까지 SNS에는 연일 여행사진이 업데이트된다. 이처럼 여행을 즐기는 이들이 많아지면서 여행작가를 꿈꾸는 사람들도 하루가 다르게 늘고 있다. 여행작가들은 동에 번쩍, 서에 번쩍 전 세계를 누비며 아름다운 풍경과 흥미로운 에피소드를 우리에게 선사한다. "몇 달만 투자하면 여행하며 돈 벌 수 있어요"라며 여러 기관에서 광고하는 여행작가 수업도, 어쩐지 나와 비슷해 보이는 이들이 쓴 여행에세이들도 시시때때로 우리를 부추긴다. 여행 좀 해봤다, 사진 좀 찍어봤다 싶으면 한번쯤 생각해봤을 테다.

　'나도 여행작가 한 번 해볼까.'
　그럼에도 생각을 행동으로 옮기기란 결코 만만치 않다.

　"부러워요. 여행작가가 되면 세계 곳곳을 마음껏 여행하면서 돈도 벌고, 예쁜 여행책도 만들 수 있잖아요. 선배는 제가 하고 싶은 걸 다 하고 계시네요. 제 버킷리스트에도 나만의 여행책 출간하기

가 있었거든요."

오랜만에 후배를 만나 이런저런 이야기를 나누던 중, 그녀는 내가 만든 여행에세이 《보통날의 여행》에 진지한 관심을 보이며 한숨 쉬듯 말했다. 안타깝게도 그녀에게 '여행작가 되기'란 이미 실패한 과거가 되어 있었다.

📖 그럼에도, 여행작가

여행을 좋아하고 자주 다녀왔던 그녀는 몇 해 전, 그간 모아 놓은 자료들을 정리해 야심차게 출판사 문을 두드렸다고 했다. 실제로 출판사에서도 호의를 보였고, 구체적인 출간 논의에 들어갔으나 막상 의견을 나누다 보니 서로 원하는 게 달랐다. 이견 조율 과정이 진행되면 진행될수록 애초에 자신이 기획했던 의도와는 점점 더 멀어졌다고 한다. 결국 그녀는 출판사와의 계약을 포기했다. 그녀는 이야기를 마치며 긴 한숨을 다시 내쉬었다.

"휴, 여행작가는 아무나 하는 게 아닌 것 같아요."

그녀는 취미와 직업 사이의 간극을 간접적으로 경험한 셈이다. 좋아하는 일을 하기 위해서는 그에 맞게 감당해야 할 것들이 있다. 아무리 좋아하는 일이라도 취미와 직업 사이에는 분명한 경계가 있다는 뜻이다. 글 쓰고 사진 찍는 것을 아무리 좋아한다고 해도 일이 되면 또 다른 이야기다. 여행 자체와 여행작가로서 풀어내는 여행은 확실히 별개다.

실제로 '여행작가 양성 과정'을 진행하면서 만나는 예비 여행작가들도 바로 이 부분을 가장 힘들어한다. 그들은 자기 세계를 추구하느냐 현실을 직시하느냐 하는 끊임없는 고민 속에서 글을 쓰고 여행한다. 요컨대 여행작가는 보이는 모습만큼 화려하지 않다는 말이다.

SECTION

2

나의 여행을 오롯이 정리할 수 있다면

당신은 왜 여행작가가 되고 싶은가?

이런저런 이유가 있지만,

많은 이들이 궁극적으로 원하는 건 하나였다.

나의 여행을 정리하고 책이라는 매개체로 모으는 것.

📖 여행작가가 되고 싶은 진짜 이유

여행작가 수업을 진행하면서 꽤 많은 사람을 만났다. 열여덟 살 고등학생부터 80대 어르신에 이르기까지 수강생은 나이와 성별은 물론 직업도 매우 다양했다. 어떤 분은 매주 울산에서 서울까지 기차로 오가면서도 결석 한 번 안 했을 정도로 수업에 열정적으로 참여했다.

수강생들은 저마다 각기 다른 여행 경험과 목표를 가지고 있었다. 하지만 이야기를 나누다 보면 결국 그들이 원하는 바는 같았다. 나만의 여행을 오래도록 간직할 수 있는 하나의 결과물로 만드는 것.

그렇다면 과연 처음부터 '여행으로 돈을 버는' 작가를 목표로 할 필요가 있을까. 여행작가들은 목적이 있기 때문에 오히려 여행 그 자체에 몰입하기 어려운 경우가 많다. 나만의 여행에 몰입해 원고를 완성하더라도 앞서 이야기한 후배처럼 출판사와의 이견을 좁히기란 좀처럼 쉽지 않다.

📖 하고 싶은 이야기를 담은 '내 책'

작가라면 누구나 자신이 하고 싶은 이야기를 우선으로 놓게 된다. 반대로 출판사 입장에서는 작가의 세계도 중요하지만 그보다 글을 상품으로 만들었을 때의 가치를 우선으로 볼 수밖에 없다. 출판사와의 이런 갈등은 몇 십 년 동안 꾸준히 글을 써온 베테랑 작가에게도 끝없는 딜레마다.

이미 여러 번 책을 낸 경험이 있는 작가들도 독립출판으로 '진짜 내 책' 만들기를 꿈꾸는 이유가 바로 여기에 있다. 오롯이 나만의 감성, 나만의 세계를 담은 책을 만들고 싶은 것이다. 마음에 드는 콘텐츠를 골라 담아 자신만의 개성을 살려 책을 만든다는 것은 이처럼 충분히 매력적이다. 그 매력에 빠져 여행작가인 나는 독립출판으로《보통날의 여행》을 소설가 임경선은《임경선의 도쿄》를 직접 만들어냈다.

당신은 어떤 여행책을 만들고 싶은지 머릿속으로 그려보길 바란다.

MAKING A TRAVEL BOOK

두울

여행과 나

준비된 자만이
밀도 있는 여행을 즐긴다

약간의 스트레스를 동반하는 것도 사실이지만,

여행 준비만큼 설레는 일은 없다.

흔한 여행지, 흔한 맛집, 흔한 여정만 따라가다 보면

그저 그런 여행으로 금세 잊히기 마련이다.

물론 여행에 반드시 거창한 이유가 있어야 할 필요는 없다.

그러나 나만의 특별한 목표가 있다면

여행은 훨씬 의미 있고 즐거워진다.

🔭 혼자서 오랫동안 여행할 수 있는 이유

나는 대부분의 여행을 혼자 하는 편이다. 이 얘기를 들은 사람들은 꼭 이어서 질문하곤 한다. '심심하지 않나요?', '혼자서 어떻게 여행을 그리 오랫동안 할 수 있나요?', '무섭지는 않나요?'

하지만 나는 단연코 심심하지도, 무섭지도 않다. 심지어 6개월에서 1년씩 전 세계 이곳저곳을 돌아다니며 살아보고 싶다. 나는 항상 여행에 목마르다. 다른 세상에 대한 호기심으로 가득 찬 여행은 언제나 나를 지루하거나 외롭게 내버려두지 않는다.

폴 고갱 Paul Gauguin 은 그림을 그리기 위해 타히티로 떠났다. 무라카미 하루키 村上春樹 도 소설을 쓰기 위해 세계 이곳저곳을 다녔다. 디자이너와 음악가는 작품의 영감을 얻기 위해, 사업가는 사업에 쓸 만한 아이디어를 얻기 위해 떠난다. 이렇듯 목적이 있으면 여행은 무언가 달라진다. 여행을 잊지 못할 순간으로 만들고 매순간 즐길 수 있도록 영감을 주는 어떤 것, 바로 '시선'이다.

🔭 아는 만큼 보인다

여행을 하다 보면 "여행지에서 노숙까지 했다"며 자신이 얼마나 고생했는지 무용담처럼 늘어놓거나 얼마나 적은 돈으로 많은 곳을 다녀왔는지 전리품처럼 자랑하는 사람들을 적잖이 만나곤 한다.

그런 이들의 자랑 속에는 일상과 여행 사이의 이질감에 대한 감상이나 무엇을 보고 어떻게 느꼈는지에 대한 이야기는 없다. 본인에겐 특별한 경험처럼 느껴지지만 노숙이나 저렴하게 한 여행 그 이상의 의미가 없다면 그 역시 식상한 무용담일 뿐이다.

나만의 시선은 '아는 것'에서 나온다. 이때 안다는 것은 단순한 여행지의 지리적 정보가 아니다. 삶을 살며 하나하나 축적되는 경험과 지식이다. 아는 것이 풍부해질수록 새롭거나 신기한 일들도 더 많이 보인다. 내 안의 잠재의식이 새로운 땅을 만나면 이전에는 미처 알지 못했던 것들을 깨닫게 된다. 낯선 세계를 더욱 낯설고 세밀하게 관찰할 수 있는 시선은 바로 여기서부터 나온다.

여행은 일상에서 시작된다

나는 여행지가 정해지면 그곳을 배경으로 하는 책을 읽거나 영화를 본다. 그리고 현지 메뉴를 파는 국내 식당을 방문해 현지 음식에 미리 도전하기도 한다. 짧게나마 여행지의 언어를 배우는 경우도 있다. 특히 책에서는 그 나라의 문화를, 영화 속에서는 그곳의 살아 움직이는 사람들을 접할 수 있기 때문에 현지에 갔을 때 조금 더 친밀감을 느끼게 된다.

평소에도 여행하는 기분을 만끽하고 싶다면, 나만의 시선을 만들어줄 '무언가'를 찾아보자. 언젠가 가고 싶은 여행지들을 머릿속에 떠올리고 목록을 만든 후, 그곳에서 특별히 꼭 하고 싶은 일들을 찾아 미리 즐겨보는 건 어떨까. 여행은 더욱 짜릿해지고, 평범한 일상은 여행처럼 보낼 수 있으니 일석이조가 따로 없다.

🔭 나만의 시선이 될 '무언가'를 찾아서

자신만의 취미가 확실하면 여행이 더 풍요로워진다. 몸 움직이기를 좋아한다면 춤을 배워두는 건 어떨까. 여행에서 특별한 추억이 생길 확률이 높다. 영화 〈타이타닉〉 속 스윙댄스는 특히 미국 여행에서 빛을 발한다. 서구권에는 살사 바를 쉽게 찾아볼 수 있으므로, 살사댄스는 본고장 쿠바뿐 아니라 여러 나라에서 즐길 수 있다. 벨리댄스는 터키에서, 플라멩코는 스페인에서 직접 즐길 수 있다. 물론 현지에서 기초 수업을 들어도 되지만, 미리 조금이라도 배워두면 초심자는 알기 어려운 본고장의 '맛'을 느낄 수 있다.

평소 음악에 관심이 있다면, 비교적 다루기 쉽고 여행할 때 가지고 다녀도 큰 부담이 없는 악기 우쿨렐레를 배워보자. 음악은 만국 공통어다. 현지인과도 금세 친해지는 계기가 되고, 함께 즐거운 추억을 만들 수도 있다. 악기점에 들러볼 수도 있다. 쇼핑엔 관심 없는 사람이라도 좋아하는 악기를 살 수 있다고 하면 분명 상황은 달라진다. 특히 일본이나 하와이에서는 우리나라에서 쉽게 찾아보기 어려운 '레어템Rare item'을 좋은 가격에 만나는 행운을 누릴 수도 있다. 때때로 우쿨렐레를 연주하는 일상, 생각만 해도 어쿠스틱 감성

이 충만해지지 않는가.

커피를 좋아하는 사람이라면 아예 커피벨트, 그러니까 커피콩이 주로 재배되는 브라질이나 콜롬비아, 에티오피아, 케냐 등에서 한 곳을 골라 떠나도 좋겠다. 루왁커피로 유명한 인도네시아나 베트남은 우리나라와 비교적 가까워서 좋다. 산지의 커피를 바로 마시는 경험만큼 특별한 추억은 없다. 떠나기 전 바리스타 취미 강좌를 듣거나 커피 관련 책을 뒤적이며 여행지의 커피를 미리 상상해보는 건 어떨까? 현지에서 더욱 남다른 맛을 발견할 수 있을테다.

책을 좋아한다면 서점 탐험을 떠나도 좋은 일이다. 특히 유럽이나 일본에는 아름답고 아기자기한 서점들이 많아 여행의 즐거움을 더해준다. 공원을 좋아한다면 가고 싶은 여행지 리스트에 현지의 공원들을 미리 찾아서 적어두자.

이외에도 우리의 관심을 끄는 것들은 많다. 나만의 '무언가'를 찾아 일상을 채워가기, 여행지를 미리 그리면서 준비하는 여행의 가장 첫 단계. 평범한 일상까지 여행처럼 살게 하는 또 다른 방법이다.

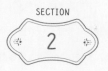

누구의 여행이든
특별해질 수 있다

평소 좋아하는 '무언가'가 딱히 떠오르지 않는다면
지금부터 소개하는 여행법 중 하나를 골라보는 건 어떨까.
그리고 여행 때마다 다르게 떠나는 것이다.
경험이 많아지면 내 취향도 알게 되기 마련이다.

🧳 나는야 무디, 음식을 찾아 떠나는 여행

여행에서 음식을 빼놓을 수 있을까. 음식은 그 나라, 그 도시의 문화적 결정체다. 세계의 어느 곳이든, 아니 같은 나라라도 지역별로 식생활이 다른 만큼 음식은 그 나라의 많은 것들을 말해준다.

어느 해 겨울, 전라도 여행을 할 때였다. 보길도에서 배를 타고 목포항으로 나왔는데 아침식사를 거르고 나온 탓인지 출출해져서 항구 앞의 허름한 식당을 찾았다. 백반을 시켰는데 국이라고 함께 나온 것이 말간 국물에 거무튀튀한 낯선 무언가가 잔뜩 빠져 있는 모습이었다.

생전 처음 보는 음식에 깜짝 놀란 나에게 가게 아주머니는 그 생경한 것이 '김국'이라고 일러주었다. 김으로 국을 만들어 먹는다는 사실도, 투박한 비주얼도 모두 낯설었지만 막상 한 술 크게 떠 넣으니 제법 맛이 좋았다. 따뜻하고 고소한 김국과 함께 밥 한 공기를 뚝딱 해치웠다. 만족스러운 한 끼 식사를 마치고 식당 아주머니께 처음 경험한 음식이었다며 감사의 말을 건넸다. 그러자 아주머니께서 말하길 봄이 오기 전까지 이 지역 바닷가 근처 바위 표면에 유독 김이 많이 붙어 있어서, 이것을 긁어모아 국으로 끓여 먹는단

다. 맛이 좋은 것은 물론 조리법도 간단하고, 단백질도 많아 특히 겨울철에 일상식으로 즐겨 먹는다고도 했다. 환하게 웃던 아주머니의 표정이 지금도 생생히 기억난다.

그 이후 가끔씩 김국이 당길 때가 있다. 김국이 먹고 싶어지면 반사적으로 그때의 전라도 여행, 보길도와 목포항이 떠오른다. 단 하나의 음식이 그 어떤 것보다 강렬한 기억을 남긴 셈이다. 어떤 종류의 음식을 주로 먹는지, 어떤 조리법을 선호하는지, 어떤 식재료가 많이 사용되는지 등은 그곳의 물리적 환경에 달려 있다. 따라서 음식은 그들의 역사와 현재를 가장 가까이에서 만날 수 있는 매개체가 된다.

여행지에서 현지 음식을 먹는 것은 평상시 쉽게 할 수 없는 경험이다. 즉 물리적 환경 변화를 통해서만 가능한 '다름'과 '미지'에 대한 작은 도전인 셈이다. 단순히 맛있는 음식을 먹는 것만으로도 편견에서 자유로워지고, 전과는 다른 시선으로 여행지를 바라보게 된다. 내 안의 다른 자아를 발견할 수도 있다. 또 음식에 대해 알아가다 보면 그 나라의 문화 자체를 한층 더 깊이 공부하게 된다. 알게 되는 것이 많을수록 여행의 기억은 더욱 오래도록 남는다.

🧳 쇼핑, 여행의 빛나는 전리품

마음만 먹으면 전 세계 어디서나 쉽게 할 수 있는 면세점 쇼핑
은 내게는 그닥 매력이 느껴지지 않는다. 우리의 눈을 휘둥그레 만
들었던 유럽이나 일본의 드러그스토어 Drugstore 도 이제 더는 신선하
지 않다. 웬만한 해외 유명 아이템은 이제 우리나라에서도 흔히 볼
수 있을 뿐더러 안 되면 해외 직구 사이트를 통해 쉽게 구입할 수
있다. 비싼 항공료를 내지 않고도 그런 것쯤은 얼마든지 손에 넣을
수 있는 세상이다.

여행이 특별해지는 쇼핑은 따로 있다. 무엇이건 간에, 오직 그곳
에만 있는 '취향저격형 레어템'을 데려오는 재미는 분명 여행의 또
다른 묘미가 된다. 나의 감성에 꼭 맞는 아이템을 발견했을 때의
기쁨은 더 말할 것도 없다. 더구나 그 순간뿐만 아니라 여행에 돌
아와서도 얼마간은 여행의 여운을 진하게 느낄 수 있다.

인도에서만 살 수 있는 정통 알리바바 바지와 어렴풋하게 비치
는 색색의 거즈 스카프는 착용감이 좋고 디자인도 매우 아름답다.
무엇보다 여름철에 시원하게 잘 입을 수 있는 실용적인 아이템이
다. 게다가 이국적인 느낌이 물씬 풍기니 일상으로 돌아와서 한 번

씩 여행자 기분을 내기도 좋다.

반짝이는 작은 유리로 장식된 원색의 천 등갓도 좋겠다. 종이처럼 얇게 접혀 부피감도 적은 편이라 여러 개 구입해 지인들을 위한 선물로 가져오기에도 손색없다. 여행에서 돌아와 방 한편에 달아두면 인도의 루프탑 카페에 앉아 석양을 바라보던 여행의 그날이 충분히 떠오른다.

프랑스의 드러그스토어에서 구입할 수 있는 종이 향수를 지갑에 넣어두거나 책갈피로 쓰면 틈틈이 파리Paris의 향기를 느낄 수 있어 일상이 여행스러워진다. 모로코의 전통 신발인 바부슈Babouche 는 실내화로 사용하기에 좋다. 바부슈를 신고 집안을 활보하면 작은 산간마을 셰프샤우엔Chefchaouen의 어느 골목길을 걷던 기억을 오래도록 떠올릴 수 있다. 신발을 신지 않을 때도 그 자체로 그럴듯한 거실 인테리어 소품이 되지 않을까.

여행지의 식재료나 향신료 또한 훌륭한 쇼핑 아이템이다. 해석하기 어려운 외국어가 적힌 작은 양념통을 집 안 어딘가에 적당히 세워두면 공간이 왠지 세련되지는 듯한 기분이 든다. 게다가 여행 가서 먹었던 음식이 그리워질 때면 가져온 식재료를 가지고 비슷한 음식을 만들어볼 수도 있다. 향신료는 부피가 작아 가져올 때도

부담 없고, 음식에 들어가는 양이 많지 않아 다른 식재료에 비해 두고두고 여행의 향기를 느낄 수 있다.

쇼핑 자체를 하나의 여행 주제로 삼고 싶다면, 쇼핑이 여행의 묘미를 더해주길 원한다면 나의 취향과 감성, 주관이 뚜렷해야 한다. 그러기 위해서는 자신을 잘 아는 게 먼저다. 내가 평소 무엇에 관심 있고 어떤 것을 좋아하는지부터 살펴보면 된다.

책을 좋아하는 사람이라면 여행지의 도서관이나 북카페 등 책이 있는 공간을 찾아다니면 어떨까. 작은 서점을 돌아다니며 취향에 맞는 책을 만나는 일은 여행의 즐거움을 한층 돋운다. 서점마다 다르게 꾸며진 서가는 매력적이다. 평소 볼 수 없었던 특이한 책들을 잔뜩 만나는 경험은 분명 색다를 것이다. 좋아하던 작가의 책을 본고장에서 원어 출간본으로 구입하게 되었을 때의 희열은 말로 다할 수 없다. 그렇게 여행을 거듭하며 구입한 소중한 책들로 한 권한 권 나만의 서가를 채운다면 여행의 흔적이 이보다 더 특별할 수 없으리라.

화방이나 문구류 전문점을 들러보아도 좋겠다. 캘리그래피나 드로잉에 관심이 있다면, 도구에 대한 호기심과 목마름도 늘 있게 마련이다. 화방이라 하면 전공자들이나 가는 곳으로 생각하기 쉽지만 문구류에 관심 있는 사람이라면 꼭 들러야 할 곳 중 하나다. 전문가용 미술 도구는 물론 다양한 펜, 종이, 노트, 마스킹테이프, 엽서까지 종류에 관계없이 다채로운 문구류를 충실히 갖추고 있기 때문이다. 우리나라에서 쉽게 구할 수 없는 만년필이나 잉크, 특이하게 제본된 노트 등은 관광지에서 흔히 파는 기념펜과는 비교할 수 없다.

이런 곳에서만 살 수 있는 일종의 '오리지널 굿즈'를 여행선물로 건넨다면 나만의 감각이 더욱 돋보이지 않을까? 대형 마트에 시식코너가 있듯 대형 문구점이나 화방에는 직접 써보고, 만져볼 수 있도록 제품별 샘플이 놓여 있다. 시식코너를 돌고 나면 꽤 배가 부른 것처럼 굳이 물건을 구입하지 않더라도 충분히 만족스러울 것이다.

평소 차를 즐겨 마시는 사람이라면 원산지의 차를 쇼핑하며 남다른 시간을 만들 수도 있겠다. 찻집을 찾아 차를 즐기다 보면, 생각보다 많은 나라들이 그들만의 차 문화를 갖고 있다는 사실에 놀랄지도 모른다. 아는 것에 '새로운' 것이 더해져 넓혀진 견문은 덤이다.

언젠가 인사동에서 스타벅스를 좋아하는 미국인을 만난 적이 있다. 그는 세계 각지의 스타벅스를 찾아다니며 커피를 마시고, 도시별 한정 텀블러를 수집한다고 했다. 빵을 좋아하는 한 일본인은 여행하면서 사먹은 빵 봉지들을 버리지 않고 모아뒀다가 작은 책으로 만들었고, 그중 엄선한 수집품들로 작은 서점에서 '빵 봉지 전시회'를 열기도 했다.

좋아하는 것을 찾아다니면 여행길은 한결 즐거워진다. 또 나만의 희귀한 아이템을 손에 넣으리라는 미션이 생기면 여행에 더욱 몰입하게 된다. 특별한 아이템이 내 손 안에 들어오는 건 시간문제다. 여행의 밀도는 한층 쫀쫀해지고, 추억할 만한 물건이 있으니 일상으로 돌아와도 오래도록 기억할 수 있다.

🧳 평범하거나 혹은 특별하거나

종교 생활을 열심히 하는 사람들은 이스라엘이나 터키 등으로 성지순례를 간다. 성지순례는 한때 단체 패키지여행이 대세였으나 현지를 좀 더 꼼꼼히 살펴보고 싶은 사람들이 늘면서 최근에는 자유여행으로 다녀오는 경우도 적지 않다. 평소 직접 가보고 싶었던 성지 목록을 콕콕 짚어, 지도에 점을 찍어가면서 여행을 준비하는 사람들이 늘어났다. 실제로 춘천에서 서울까지 매주 여행책 만들기 수업을 들으러 오셨던 수강생 한 분은 그간 개인적으로 다녔던 성지순례 여행의 준비 과정부터 마지막 순간까지를 세세히 기록했다가 책으로 만들었다.

커피에 푹 빠진 사람들은 원산지의 맛을 직접 느끼기 위해 커피 벨트를 찾아 여행하고, 바쁜 직장 생활에 지친 직장인은 아름다운 리조트가 있는 섬에서 하루 종일 여유를 누리기 위해 여행을 떠난다. 온천을 즐기거나 한가로운 공원을 누비며 나를 충전하는 시간을 가지기도 한다. 뱃속에 아이를 품고 있는 예비 엄마는 아이에게 보여주고, 들려주고 싶은 둘만의 이야기를 위해 태교 여행을 떠난다. 이렇게 평소의 관심사를 여행과 연결하면 더욱 의미 있고 기억에 남는 여행이 된다.

일상의 취미 역시 여행의 즐거움을 확장시킬 수 있다. 아는 만큼 보인다는 말은 결코 거짓이 아니다. 그러므로 '관심 하시라'. 호기심을 자극하는 새로운 것들을 탐하는 노력을 게을리하지 말라는 이야기다. 노력이 커지면 커질수록 더욱 다양한 경험을 할 수 있고, 그것은 다시 내 여행의 자양분이 되어 다가올 여행에 깊이를 더해준다.

🧳 나만의 미션을 따라서

여행할 때마다 한결같이 흥미진진하고 대단한
사건이 펼쳐지는 않는다. 그러나 여행에 나만의
아주 작은 목표를 하나씩이라도 넣는다면? 상황은 달라진다. 매번
미션을 새로 정해도 좋고, 같은 미션을 꾸준히 수행하면서 관련된
견문을 넓혀갈 수도 있다. 여행지에 따라 사소한 미션을 정할 수도
있고, 반대로 미션을 이루기 위해 여행을 떠날 수도 있다. 사람들의
얼굴과 성격이 모두 다른 것처럼 여행 미션도 무궁무진하다.

'엄마와 배낭여행', '지중해에서 수영하기', '히말라야 트레킹 완
주하기'와 같이 상대적으로 명확한 도전 과제부터 '한복 입고 여행
하기', '마을버스 타고 세계여행', '자전거 타고 동남아일주' 등 준비
와 계획이 필요한 미션까지…. 언뜻 이상하다고 생각되는 목표도,
'이게 될까' 싶은 것도 특별하다고 생각된다면 모두 괜찮다! '여행
간 나라의 화폐 모으기'처럼 정말 사소한 일도 얼마든지 나만의 미
션이 된다. 사소한 미션은 여행의 잔재미와 성취감을 더하고, 극한
미션은 도전 정신을 자극해 긴장감 넘치는 여행을 만든다.

사소한 취미로도
여행은 특별해진다

취미의 사전적 의미는
'전문적으로 하는 것이 아니라 즐기기 위해 하는 일'이다.
때때로 우리는 취미를 위해 기꺼이 쉬는 시간까지 할애한다.
"매일 야근하는 직장인이 언제 취미를 즐기냐"고
묻는 사람이 있을지도 모른다. 그러나 시간은 '내야' 생긴다.
몰입할 대상이 있으면 삶의 밀도는 달라진다.
마찬가지로, 취미가 있다면 여행은 더욱 특별해진다.

🧳 무엇이든 남기고 싶은 그대를 위한 사진 찍기

사진은 그 어떤 것보다 일상적이며, 쉽게 도전할 수 있는 취미 중 하나다. 무엇보다 평소에 조금만 연습한다면 쉽게, 그리고 즉각적으로 결과물을 얻을 수 있다는 게 장점이다. 반드시 DSLR카메라같이 크고 좋은 장비가 있어야 할 필요도 없다. 당장은 내 손 안의 휴대폰 카메라로도 충분하다. 실제로 어떤 갤러리에서는 휴대폰 카메라로 찍은 전시회를 열기도 했다. 문제는 장비가 아니라는 뜻이다.

필요한 것은 감각이다. 그리고 계속 사진을 찍다 보면 나만의 감성은 조금씩 드러난다. 그러기 위해서는 지금 갖고 있는 휴대폰 카메라의 기능부터 관심을 가지고 손수 만지고 익히는 게 우선이다. 다음부터는 그저 무엇이든 찍어보면 된다. 좋아하는 것부터 부지런히, 많이, 그리고 열심히 찍어보자. 내 아이, 연인, 친구와 함께인 순간들이나 맛있는 음식, 꽃, 멋진 여행지 사진도 좋다. 좋아하는 것 앞에 카메라를 들이대야 한다.

📷 보이는 대로 순간을 기록하는 여행 드로잉

여행 드로잉은 의외로 누구나 쉽게 도전할 수 있고, 사진과 마찬가지로 즉각적인 결과물을 얻을 수 있어 최근 몇 년 사이 유행처럼 번지고 있다. 드로잉 기법을 쉽게 설명한 책을 보며 따라 그리기 연습을 해보거나 드로잉 워크숍에 참가해 배울 수 있다. 간단한 도구만으로 언제 어디서든 그림을 그릴 수 있고, 있는 그대로를 찍어내는 사진과는 달리 여행지를 나만의 감각으로 해석할 수 있다는 게 장점이다.

📷 짧은 시간, 펜 하나로 완성하는 캘리그래피

캘리그래피는 펜 한 자루로도 충분히 아름다운 결과물을 만들어 낼 수 있어 인기다. 직접 찍은 사진에 감성적인 글귀, 여행 격언을 써서 올리면 금방 근사한 작품으로 탄생한다. 단순한 몇 줄의 글귀만으로도 나만의 감성을 녹여낼 수 있다. 세밀한 관찰과 최소한의 시간이 필요한 드로잉에 비해 짧은 시간과 노력으로도 만족스러운 결과물을 얻을 수 있다. 인기가 많은 만큼 시중에 관련 책이나 워크숍이 다양하게 마련되어 있어 배우기도 쉽다.

🧳 일기 쓰듯 편안하게, 글쓰기

글쓰기는 어찌 보면 그 어떤 취미보다 접근하기 쉽다. 일상에서 일어나는 크고 작은 일들을 기록으로 남겨둔다고 생각하면 되기 때문이다. 기록을 잘 다듬어 책으로 펴낼 수도 있다. 가성비 좋은 취미로 둘째가라면 서러울 정도다. 글쓰기에 관한 책이나 강연 역시 쉽게 찾아볼 수 있다.

안타깝게도 강의를 듣는 것만으로 글쓰기 실력이 확 늘지는 않는다. 먼저 무엇이든 간에 직접 기록해보는 습관을 들이길 권한다. 글쓰기가 어렵게 느껴진다면 기억을 더듬어보자. 우리에게는 자의든 타의든 매일 꼬박꼬박 일기를 쓰던 시절이 있지 않았는가! 나이가 들며 글과 점점 멀어지게 되었을 뿐이다. 그 시절 일기를 쓰듯 쉽게, 그리고 편하게 시작해보자.

🧳 일상과 여행을 축제로! 스윙댄스

여행에 음악이, 음악에 춤이 곁들여지면 장소가 어디든 그곳은 금세 축제의 현장이 된다. 외국 영화에 자주 등장하는 스윙댄스는 이런 축제 같은 여행을 즐길 수 있도록 만들어준다. 스윙댄스는 세계적으로 보편화된 편이라 배워두면 여행 중 두고두고 잘 써먹을 수 있다. 음악과 춤이라는 매개로 현지인과 금세 친해질 수 있으니, 사람까지 얻는 여행이 된다.

나는 영화 〈타이타닉〉의 한 장면에 빠져 스윙댄스를 배우기 시작했다. 스윙댄스 특유의 신나는 리듬과 별다른 기술 없이도 쉽게 출 수 있다는 사실은 당시 몸치였던 내게 대단한 매력으로 다가왔다. 급기야 동호회를 통해 작은 공연까지 하게 되면서 일상의 즐거움은 배가 되었다. 또 방콕 여행 중에는 스윙 바에 갔다가 만난 친구들 덕분에 잘 알려지지 않은 방콕 구석구석까지 돌아볼 수 있었다. 활동적이고 다양한 사람들과의 만남을 좋아한다면 이보다 더 좋은 취미는 없으리라.

자연을 가장 가까이, 트레킹과 등산

여행지의 속살을 훔쳐보기에 트레킹만 한 것도 없다. 지인 중 국내의 산을 모두 섭렵하고, 이제는 해외의 명산들을 다니며 사진을 찍는 분이 있다. 이렇듯 등산이 취미인 사람들은 말레이시아의 코타키나발루Kota Kinabalu나 인도아대륙과 티베트고원 사이의 히말라야Himalayas 등 산을 주제로 한 여행을 즐긴다. 걷기를 좋아하는 사람들은 제주의 올레길이나 산티아고 순례길을 걷는다. 이런 종류의 여행에는 반드시 체력이 뒷받침되어야 한다.

기초체력이 부실했던 나 역시 한라산의 백록담 정상에 섰던 적이 있다. 한 발 한 발 오를 때마다 변화무쌍한 한라산의 속살은 멀리서 보던 모습과는 판이하게 달랐고, 형언할 수 없는 놀라움의 연속이었다. 그나마 틈틈이 지리산 둘레길, 동해 해파랑길, 서울 둘레길 등을 걷지 않았다면 감히 상상할 수도 없었을 일이었다. 걷기를 그다지 좋아하진 않지만 나는 지금도 시간이 날 때마다 틈틈이 둘레길을 걷는다. 여름에 떠날 인도 여행을 위해서, 언젠가 닿을 페루의 마추픽추를 위해서, 무엇보다 오래도록 건강하게 잘 여행하기 위해서.

혼자 혹은 함께
만드는 여행

나 홀로 여행의 꿈을 가지고 호기롭게 떠났지만
외로움에 몸부림쳤던 기억.
반대로 일부러 날짜를 맞춰서까지 함께 떠나왔는데
사사건건 부딪치고 서로 편치 않았던 기억.
애써 시간 내 떠나온 여행인데도 돌아오면
왠지 허탈했던 적 없으신지?
이런 경험은 의외로 적지 않다.

🧳 나 홀로 여행, 제대로 즐기기

혼자 밥을 먹는 '혼밥족'이 늘고 있다. 일본에만 있는 줄 알았던 1인 식당도 이제는 꽤 익숙하다. 여행도 마찬가지다. 해마다 '나 홀로 여행족'이 증가하고 있는 추세다. 나 홀로 여행은 무엇보다 편하다. 동행과 휴가 날짜를 맞추기 위해 신경 써야 할 필요도 없고, 상대가 원하는 음식을 먹어 주기 위해 내가 먹고 싶은 것을 포기해야할 이유도 없다. 언제 어디든 혼자라 자유롭고, 이동하기도 편하다. 챙겨야 할 사람이 없으니 이보다 더 가벼울 순 없다. 다만 때때로 심심하고 외로울 뿐이다.

그렇다면, 무엇이건 일단 해보라. 아무것도 하지 않을 자유! 또 어디든 가고, 무엇이든 보고, 누구와도 친구가 될 수 있다. 할 수 있는 것과 해봐야 할 것이 무궁무진하다. 나 홀로 여행 중이라면 특히 최고의 조건이다. 먹고 싶은 건 먹고, 예쁜 가게가 있으면 들어가고, 쉬고 싶으면 쉬고! 내 마음이 원하는 대로 충실하게 무언가를 하다 보면 심심할 틈이 없다. '누구와 함께 왔으면 더 좋았을 텐데'라는 생각조차 들지 않을 정도로 순간순간에 몰입하고 있는 자신을 발견하게 된다.

아무리 사소한 일 같아도, 혹은 미친 짓이라는 생각이 든다 할지라도. 조금씩 용기 내 시도해보자. 온전한 나만의 여행은 그렇게 만들어진다.

🧳 여행은 언제나 독립적이어야 한다

동행이 있으면 즐거움이 배가 되기도 하지만 스트레스 또한 배가 될 수도 있다. 오죽하면 신혼여행을 떠났다가 남남이 되어 돌아온다는 말이 있을까. 함께여서 더 좋은 여행이 되기 위해서는 그만한 지혜가 필요하다. '따로 또 같이', 그러니까 함께 여행하되 서로의 취향과 기호를 존중하는 노력이 중요하다는 말이다.

완전히 똑같은 성향이라 일거수일투족 같이 행동하는 게 편하다면 문제 없겠지만, 현지식을 먹고 싶은 사람에게 굳이 한식을 먹자고 하며 끌고 다니거나, 조용히 호텔 선베드에 누워 쉬고 싶은 사람에게 관광지를 돌아다니자고 괴롭히면 그때부터 여행은 힘들어지기 시작한다. 함께 떠나 왔더라도 따로 자유 시간을 가지거나 일부 일정만이라도 각자가 원하는 대로 움직이는 것이 어떨까.

서로 원하는 것이 같으면 함께, 원하는 것이 다르면 각자 움직이는 합리적인 방식은 여행의 만족도를 한층 높여준다. 그러기 위해서는 먼저 스스로 여행의 주인이 되어야 한다. 함께 가더라도 여행 자체는 독립적이어야 한다는 뜻이다. 기대는 여행은 편할 수는 있어도 스스로에게나 동행에게나 온전한 여행이 되기 어렵다.

여행은 기록으로
남겨져야 한다

비현실적으로 아름다운 풍경을 본 적 있는지?

가슴이 희열로 가득 차는 특별한 경험은?

버라이어티하거나 놀라운 일은 하나도 없었지만

매 순간이 이상하리만치 특별하게 느껴졌던 여행이 있는지?

여행의 빛나던 순간들을 우리는 얼마나 기억하고 있을까.

정리와 기록, 그 놀라운 힘에 관하여

가슴 떨리던 첫키스의 순간, 끔찍하게 아팠던 첫사랑과의 이별 순간을 떠올려보자. 이제는 그때 그 순간만큼 환희에 차거나 고통스럽지 않다. 아무리 특별하고 짜릿한 순간이라도 시간이 지나면 희미해지는 법이다. 찬란하고 아름다웠던 순간들도 시간이 흐르면 흐를수록 기억 속에 점점 박제되어 힘을 잃는다.

그러던 어느 날 우연히 누군가의 글이나 사진을 보았을 때, 우리는 잊고 있던 지난날의 아련한 추억들을 떠올린다. 그렇다. 박제되어버린 희미한 기억에 온기를 불어넣어 주는 건 언제나 다른 누군가의 '기록'이었다. 타인의 기억에 기대어 우리는 잠시나마 지난 여행의 행복했던 순간을 꺼내 미소 짓는다.

온기 하나 없는 땅에 촉촉한 단비를 뿌려 새싹을 돋게 하고 대지를 살찌우는 비의 여신처럼, 기록은 지난 여행의 아름다운 순간들을 떠올리게 하고 메마른 일상을 사는 우리의 삶을 살찌운다. 기록은 그런 것이다.

순간을 스쳐가는 생각, 크고 작은 사건들, 잊지 못할 여행의 순간을 하나씩 기록해보자. 쉬이 잊히지 않을 것이다. 언제, 어디서, 어

떤 순간을 보냈는지 면면히 기억이 날 것이다. 기록이 어느 정도 모이면 나만의 시선이 담긴 여행책을 만들 수도 있다.

　당신의 글을 읽고 다른 누군가가 같은 여행길에 오르거나 당신의 글과 사진에 기대어 지난 여행의 행복했던 순간을 떠올리며 웃을지도 모른다. 상상만으로도 즐거운 일이다.

잊지 못할 순간을 남기는 몇 가지 방식

우리는 여행이 만연한 시대에 살고 있다. 누구나 여행을 한다. 평소 사진 찍기를 싫어하는 사람도 여행할 때만큼은 휴대폰을 꺼내 사진을 남긴다. 기록을 남기고 싶은 욕구는 여행할 때 가장 강렬해진다. 휴대폰만 있어도 충분하지만 요즘에는 가성비가 좋은 하이엔드 디지털카메라부터 옷 등에 매달아 손에 들지 않고도 동영상 촬영이 가능한 액션캠코더까지 다양한 종류의 카메라가 있다. 잊지 못할 여행의 순간을 남기는 가장 보편적인 방식, 사진이다.

여행지에서 구입한 엽서, 기념 자석, 하다못해 그것들을 구입한 영수증 등은 모두가 여행의 또 다른 전리품이다. 보물상자에 모아 둔 이 전리품들을 비밀스럽게 꺼내어 볼 때면 그때 그곳으로 시간 여행을 하는 기분이 든다.

어느 언덕에 앉아 여행지의 풍경을 그림으로 담을 수도 있겠다. 손바닥만 한 몰스킨 노트에 사각사각 연필 스케치를 하거나 수채 물감이나 색연필 같은 도구로 색을 입혀 나만의 시선을 더한다.

틈틈이 기록한 여행 노트는 그날의 여정, 감정, 에피소드, 짧은 생각들로 채워진 나만의 여행보물이다. 순간순간 기록하기 때문에 현장감이 넘쳐난다. 여정은 정확하고, 감정은 구체적이다. 여행이 주는 감성이 더해져 어떤 때보다 술술 글이 써진다. 글쓰기, 잊지 못할 순간을 가장 뚜렷하고 명확하게 남기는 방식이다.

실시간 기록하고 매 순간 소통한다, SNS

우리는 여행을 다양한 방식으로 남기고 기록한다. '돌아가면 그럴듯하게 정리해야지'라는 다짐도 하기 마련이다. 하지만 여행에서 돌아오면 남는 건 피로뿐이다, 열렬히 찍어댔던 사진은 외장하드 속에 고스란히 갇히고 만다. 보물상자 속으로 들어간 여행의 전리품 역시 언제 다시 꺼내 볼지 기약이 없고, 틈틈이 그리고 쓴 일기는 책상 한구석 어딘가에 고이 모셔져 과거 속으로 사라진다.

열심히 남겼던 모든 기록을 쓸모없이 방치하고 싶지 않다면 SNS를 이용하면 어떨까. 기록을 공유하면 결과는 달라진다. 그날 그날 찍은 사진과 간략한 여행 이야기를 블로그나 페이스북, 인스타그램과 같은 SNS에 올려보자. 관심사를 기반으로 하기에 반응은 생각보다 흥미롭다.

여행을 매개로 이루어지는 즉각적인 반응을 느끼면 더욱 기록하고 싶어진다. 어디 그뿐이랴. 따로국밥이었던 여행의 기록들이 버무려져 하나의 결과물이 되니, 내 소중한 여행의 기억은 다시 한번 선명해진다. 게다가 이런 식으로 차곡차곡 쌓인 콘텐츠는 한 권의 책을 만들 수 있는 초석이 된다.

🧳 책이 되는 여행은 따로 있다

책이 먼저일까, 여행이 먼저일까? 정답은 없다. 그러나 분명한 사실은 여행을 주제로 한 권의 책을 만들고 싶다면 '책이 되는 여행' 즉 주제가 있는 여행을 해야 한다는 것이다. 책을 만들고 싶어 모인 이들 대부분이 '막상 책을 만들려고 보니 콘텐츠가 턱없이 부족하다'고 말한다. 사진은 많은데 정작 책에 사용할 마땅한 게 없다는 이야기다. 막상 사진을 모아보면 사진 찍은 장소가 어딘지 알 수 없을 정도로, 자기 얼굴만 프레임에 가득 찬 '셀카'뿐일지도 모른다. 당시에는 멋있다고 생각했으나 다시 보니 썩 마음에 들지 않는 사진은 또 왜 그렇게 많은지.

원고가 될 일기도 사정은 다르지 않다. 너무 사적인 이야기는 공개하기 애매하다. 그렇다고 관광지에서의 흔한 단상만을 나열하자니 어쩐지 좀 부족하게 느껴진다. 사진을 찍고, 그림을 그리고, 틈틈이 끄적거린 글을 가지고 당당히 한 권의 책으로 엮어보려 했지만, 어라? 생각보다 쉽지 않다는 걸 깨닫게 된다.

당연한 얘기다. 책은 몇 가지 주제를 가지고 그에 맞는 콘텐츠로 채워진다. 즉 책이 되려면, 여행에도 주제 혹은 방향이 있어야 한다. 그렇다면 책이 되는 여행은 어떻게 할 수 있을까.

여행의 계획 단계부터 책을 염두에 두면 된다. 이번 여행을 통해 어떤 책을 만들고 싶은지, 혹은 어떤 이야기를 하고 싶은지 정한다. 그래야 하나의 콘셉트로, 일관되게 여행을 기록할 수 있기 때문이다.

필요하다면 '취재'를 할 수도 있다. '이런 식으로 쓰고 싶다'고 머릿속에 미리 그려뒀으므로 같은 코스를 따른다고 해도 더 많은 자료들을 모으게 된다. 장르에 관계없이 글, 사진, 부가자료 등 콘텐츠가 풍부할수록 책은 알차진다.

물론 '이미 갔다 왔는데요'라고 하면 어쩔 수 없다. 지금부터라도 내 여행을 관통하는 하나의 주제를 찾으면 된다!

MAKING A TRAVEL BOOK

세엣

여행과 기록

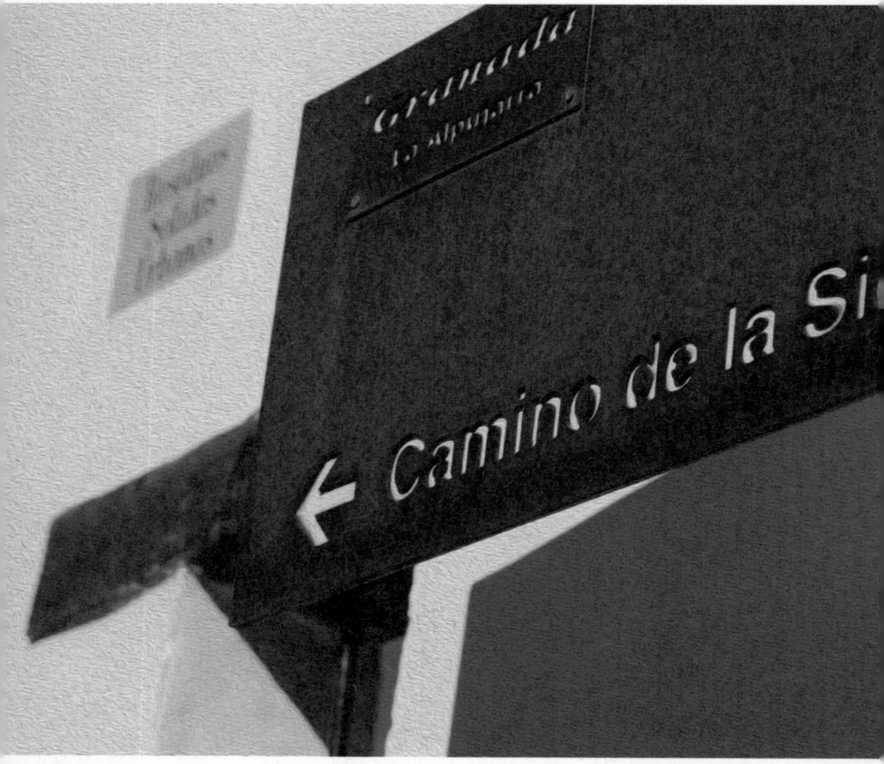
Granada
← Camino de la Si

글은
기억보다 강하다

무엇을 먹고, 어떻게 시간을 보냈는지
시시콜콜 기록하는 게 무슨 의미가 있나 싶을 수도 있다.
그러나 먹고 마시고 자는 게 전부인 여행에서라면
이야기는 달라진다. 낯선 땅에서의 글은 아무리
사소한 이야기라도 특별하다.
내 여행이 특별해지는 법, 여행 글쓰기가 필요한 이유다.

🗓️ 기록이 없으면 기억도 없다

여러 해 전, 스페인으로 여행 중에 바로 옆 나라인 포르투갈에 들렀던 적이 있다. 그냥 지나치기 아쉬워 말 그대로 잠깐 '들르러' 갔던 적이 있다. 그런데 웬걸? 포르투갈의 매력에 빠져 한 달이나 주저앉아 버렸다. 하루하루가 특별했고, 소소한 이야기들이 계속 이어지는 나날이었다. 덕분에 매일 저녁이면 피로가 몰려와 기록 은커녕 잠자기에 바빴다.

마음 한편으로 '꼬박꼬박 글로 남겨둬야 하지 않을까' 하는 고민 도 아주 잠깐 했다. 하지만 취재를 위해 떠난 여행이 아니니 기록 에 집착하지 말고, 여행 자체를 흠뻑 즐기자는 데 마음의 힘이 실 렸다. 오랜만에 일의 스트레스에서 벗어나 매 순간 충실히 여행을 즐겼다.

오롯이 여행을 즐긴 것은 좋았지만, 문제는 여행에서 돌아와서 였다. 결코 잊지 못할 순간들이라고 생각했으나 아무것도 떠오르 지 않았다. 당혹스러움을 감출 수가 없었다. 엄청나게 큰 사건들이 있어서 행복했다면 그토록 허무하지는 않았으리라. 별일 없었던 것 같은데 그때는 왜 그렇게 좋았을까. 무엇 때문에 그렇게 설레고 즐겁고 행복했을까.

거짓말처럼 하나도 기억나지 않았다. 남아 있는 것은 막연한 느낌뿐, 어떻게 표현할 길이 없었다. 아름다웠던 여행의 나날은 그저 막막한 그리움으로 고스란히 박제되고 말았다. 남겨둔 몇 장의 사진만이 그나마 위로가 되었을 뿐이다.

아무리 특별한 여행이라도 기록이 없으면 이렇게 허망할 정도로 희미해진다. 반면 기록해둔 글은 언제든 다시 꺼내볼 수 있다. 빼곡하게 적힌 여행의 순간들을 통해 기억은 생생하게 살아나고, 여행에서의 감정들도 더욱 선명하게 각인된다.

특별한 여행은 따로 있지 않다. 기록하고 기억함으로써 여행은 특별해진다. 나아가 언젠가, 어떤 형태로든 책을 만들고 싶다면 기록은 '무조건 옳다'.

나만의 특별한 여행 글감 찾기

어릴 적부터 유난히 '생각이 많다'는 말을 자주 들었다. 그 많은 생각들은 일기장으로 고스란히 옮겨졌다. 날씨와 같은 단순한 사실부터 친구들과 싸웠던 이야기, 생일파티에서 있었던 일, 그날그날의 기분 등이 일기장을 채웠다. 엉뚱하건, 유치하건 상관없이 생각나는 대로 문자로 옮겨두었다. 청소년이 되면서는 감정의 변화들을 의식의 흐름에 따라 썼다. 지금 생각해보면 어릴 때부터 꾸준히 글을 쓰면서 자연스럽게 글감 찾는 방법을 터득한 셈이다.

글감은 우리의 일상 어디든 있다. 하물며 여행 중이라면 글감은 그야말로 무궁무진하다. 공항에서의 설렘, 낯선 땅에 처음 발 디디던 순간, 낯선 음식, 처음 보는 글자, 새로운 공기까지…. '처음 하는 것들'로 가득한 여행의 순간들은 더욱 특별한 글감을 선사한다. 공항에서 숙소로 찾아가는 길에 있었던 사건부터 기차를 타고 주변을 두리번거리며 했던 이런저런 생각이나 느낌은 모두 '처음'으로 인한 '낯섦'에서 온다.

무엇을 먹을지, 어디로 갈지 등 선택의 연속이 부른 피로감조차 여행이 주는 특별한 글감이다. 다만 우리가 미처 깨닫지 못했을 뿐

이다. 아니, 어쩌면 알고 있었으나 기록해 남겨두지 않았을 뿐일지
도 모른다.

　글감은 찾는 게 아니라 발견해야 한다. 그리고 발견은 관찰에서
시작된다. 깊이를 더해 내밀한 여행을 가능하게 하고 무한한 글감
을 주는 단 한 가지, 관찰이다.

놓치면 후회할 글쓰기 재료들

매년 봄, 일본 관광청은 벚꽃을 보러오라며 전 세계에 일본을 홍보한다. 《그리스인 조르바》로 잘 알려진 그리스 소설가 니코스 카잔차키스Nikos Kazantzakis는 벚꽃 사진에 반해 일본으로 여행을 떠났다. 소재가 주는 강력한 힘이다.

단순한 공간적 흐름을 나열하는 대신 하나의 주제를 바탕으로 글을 쓰면 글의 흡입력이 높아진다. 역사, 문화, 예술, 술, 캠핑, 유적지, 드라이브 등 여행이 주는 글감의 재료들은 실로 무궁무진하다. 그중에서도 변함없이 대중들에게 사랑받는 몇 가지를 꼽자면 걷기 여행, 도시 여행, 골목 여행, 가족 여행, 휴양지 여행 등이다.

산티아고 순례길, 제주 올레길을 비롯한 각종 둘레길은 걷기 여행이 목적인 여행자들에게 사랑받는다. 일본의 오사카大阪, 홍콩, 대만의 타이베이臺北 등은 도시 여행을 주제로 여행하는 이들에게 인기 있고, 프랑스의 파리와 미국의 뉴욕New York은 골목 여행을, 괌이나 하와이는 가족 여행을 소재로 다루기 좋은 여행지다.

전문성이 돋보이는 여행도 있다. 작가의 남다른 식견을 볼 수 있는 이런 여행의 주제들은 그 범위가 점점 좁아지는 경향을 보인다.

이를테면 같은 술을 다루더라도 와인, 맥주, 막걸리 등 특정 술을 전문으로 하는 식이다. 유행은 계속해서 변한다. 그러니 유행을 좇기보다는 자신의 개성이 돋보이는 여행 주제를 개발하는 게 좋다.

나는 몇 년 동안 '독립출판물을 다루는 동네 서점'을 테마로 국내외를 여행하고, 책을 쓰고 있다. 이런 기획이 가능했던 이유는 여행작가라는 직업과 지난 몇 년간 꾸준히 직접 책을 디자인하고 출판해온 경험 덕분이다.

이와 같이 시장 가는 게 가장 신나는 사람이라면 전 세계 시장을, 빵 마니아라면 전국 유명 빵집을 여행 주제로 삼으면 된다. 본인의 관심사나 직업의 장점, 혹은 취미를 확장하다 보면 재미있고 특별한 재료는 무궁무진하게 떠오른다. 만일 쓰고 싶은 여행 주제가 생각났다면 지금 즉시 행동에 옮겨 여행하고 책으로 만드시길 바란다.

사실 완전히 독창적인 글쓰기 주제는 없다. 누가 먼저 실행에 옮기느냐가 관건이다. 어느 날 서점에서 내가 생각했던 바로 그 주제의 여행책을 발견해 아쉬워하고 싶지 않다면 지금 바로 무엇이든 시작하자.

여행글에도
스타일이 있다

여행 중 쓴 글을 모아 한 권의 여행책으로 만들기 위해서는
먼저 내가 어떤 글을 잘 쓰는지부터 알아야 한다.
무엇을 남겼는지에 따라 여행책의 성격도 달라진다.
일정 위주의 정보를 꼬박꼬박 기록했을 수도,
짧은 생각이나 개인적인 정서를 남겼을 수도 있다.
이 기록을 날것 그대로의 초고쯤으로 생각하면 된다.
얼마나 열심히 기록했느냐에 따라 책의 완성도가 달라진다.

쓰고 싶은 글, 잘 써지는 글

하고 싶은 일과 잘할 수 있는 일이 다른 것처럼 쓰고 싶은 글과 실제로 잘 쓰는 글은 다르다. 소설가의 글은 사건 위주로 진행된다. 한편 그림 작가의 글에서는 관찰력이 느껴지는 자세한 묘사를 쉽게 찾아볼 수 있다. 각자 잘 쓰는 글이 모두 다르므로, 본인의 강점을 알기 위해서는 꾸준히 많은 글을 써봐야 한다.

대신 꼭 어떤 형식에 맞춰 쓰려고 하지는 않아도 된다. 자유롭게 여행 이야기를 풀어내다 보면 본인의 스타일이 나오기 마련이다. 평소 자기 생각을 꾸준히 기록해왔다면 에세이가, 정보 공유를 선호한다면 여행 기사가 더 편하게 쓰일 것이다. 이렇게 본인의 스타일을 먼저 알고 난 후 쓰고 싶은 글에 본격적으로 도전하면 글쓰기는 훨씬 쉬워진다.

문제는 쓰고 싶은 글과 잘 써지는 글이 충돌할 때다. 가이드북에 도전했던 한 에세이작가는 내가 쓴 가이드북을 보곤 어떻게 그 많은 곳을 취재했냐며 혀를 내둘렀다. 반대로 평소 보도기사를 주로 써온 수강생은 여행에세이집에 기고할 글을 쓰려고 해도 자꾸만 글이 기사 같아진다며 고민했다.

익숙한 형식의 글을 잘 쓰는 건 당연한 이치다. 그만큼 이미 시간과 노력을 들였기 때문이다. 쓰고 싶은 형식의 글이 있다면, 원하는 형태로 자유롭게 쓸 수 있을 때까지 꾸준히 공을 들이는 수밖에 없다. 닮고 싶은 작가의 글을 필사해봐도 좋다. 스타일을 바꾸는 일은 생각만큼 쉽지 않지만 한번 자리를 잡으면 두고두고 잘 활용할 수 있다.

물론 글 쓰는 데 흥미를 붙여줄 작은 팁들은 존재한다. 지금부터 여행 글쓰기의 종류를 크게 두 가지로 나눠보고, 각각의 글을 잘 쓰는 방법에 대해 이야기하려 한다.

📅 보고 듣고 느낀 것들에 대한 단상, 여행에세이

에세이란 개인의 정서를 자유롭게 표현하는 산문 양식의 글이다. 일기, 편지, 감상문 등으로 나뉘고, 글의 특성상 개인의 감성과 주관이 두드러진다. 여행에세이는 여행을 주제로 쓴 에세이라고 할 수 있다. 여행기 혹은 기행문이라고도 하며 여행하면서 보고, 듣고, 느낀 것들에 대해 쓴다.

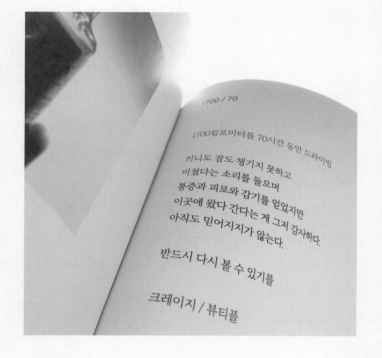

1700 / 70

1700킬로미터를 70시간 동안 드라이빙

끼니도 잠도 챙기지 못하고
미쳤다는 소리를 들으며
통증과 피로와 감기를 얻었지만
이곳에 왔다 간다는 게 그저 감사하다.
아직도 믿어지지가 않는다.

반드시 다시 볼 수 있기를

크레이지 / 뷰티플

여행에세이를 쓸 때는 여행의 경험과 정서를 중심으로 글을 풀어내되 여정이 적절히 드러나도록 해야 한다. 그렇다고 가이드북처럼 해당 여행지에 관한 정보를 일일이 나열할 필요는 없다. 자유로운 의식의 흐름을 따라 글을 쓰지만, 여행을 주제로 하는 글이니만큼 장소에 대한 적당한 노출은 필요하다는 의미다.

개인의 특징이 잘 드러나는 글인 만큼, 여행에세이는 쓰는 사람에 따라 매우 달라진다. 여정을 내용에 잘 녹인 글, 편지글 형식의 상냥한 글, 건조하면서도 담백한 글, 자세한 묘사로 상황이 그림처럼 눈앞에 그려지는 글 등 지은이의 성향에 따라 글은 각자의 색을 드러낸다.

현실적으로 여행을 당장 떠날 수 없거나 꼭 한 번쯤 가고 싶은 여행지에 대한 개인적이고도 진솔한 경험담을 듣고 싶은 사람들이 여행에세이를 찾는다는 사실을 기억하면 어떻게 글을 풀어나가야 할지 감이 잡힐 것이다.

여정을 위주로 한 에세이

밤낮으로 극심한 잔뇨감에 시달리며 지쳐갈 때쯤 열차는 시베리아의 심장이라 불리는 바이칼 호수 가까이 진입하고 있었다. 종착역인 모스크바까지는 아직 꽤 여정이 남아 있었지만 열차 안은 술렁거리기 시작했다. 세계에서 가장 오래됐고 크다는 바이칼 호수를 보기 위해 열차에 탑승한 사람도 적지 않았기에 이르쿠츠쿠 역에 가까워질수록 들뜬 분위기는 더욱 고조되었다.

모두들 웅성거리며 내릴 준비를 하고 있을 때 나는 다시 화장실로 향했다. 그런데 그때 한 승무원이 화장실 문을 잠그고 있는 것이 눈에 들어왔다. 뛰어가 다시 열어달라고 부탁했지만 정차 10분 전부터는 화장실 문을 잠그게 되어 있으며 기차가 곧 정차할 예정이라 개방할 수 없다고 했다. 나는 변기 아래쪽 홀을 통해 훤히 보이던 기차 레일을 떠올렸다.

생면부지의 러시아 남승무원에게 부끄러움을 무릅쓰고 이런 부탁을 하려니 자괴감이 몰려왔다. 여기서 나는 뭐 하고 있는 거지? 그토록 보고 싶던 바이칼 호수가 눈앞에 있는데, 믿기지 않을 만큼 아름답다는 알혼 섬으로 향할 수 있는 길이 이제 시작인데, 하도 들여다봐서 종종 꿈에도 나오던 그 풍경이 실제로 내 앞에 펼쳐진다는데…. 굳게 닫힌 화장실 문만 하염없이 바라보고 있다는 사실이 너무나 비참하고 속상했다.

- 《보통날의 여행 1. 여행 그 순간의 기록》
〈바이칼 호수〉 중

● 편지글 형식의 에세이

엄마. 그토록 원하시던 유럽 여행을 막내딸과 함께하니 기쁘시죠. 게다가 낭만이 넘치는 프라하에 당분간 머문다니. 한편으론 파리나 런던 같은 서유럽이 아니라서 생뚱맞다 하셨을 텐데도 오히려 물가 싸고 날씨 좋을 거라며 더 좋아하시네요.

엄마는 어떤 새로운 것이든 두려워하지 않으시니까 우린 잘 적응할 수 있을 거예요. 여기는 프라하에서 가장 유명한 장소, 카를교예요. 블타바 강 위로 프라하 성의 그림자가 불타오르고 있어요. 물 위에 번져 있는 빨간 원색 지붕들만 봐도 프라하의 정열이 오롯이 느껴져요.

인파에 휩쓸려 다녀도, 다리를 몇 번씩이나 건너도 늘 새롭고 좋지요. 소원을 빌면 이루어진다는 얘기로 유명한 〈성 네포묵 동상〉을 만지며 엄마는 어떤 소원을 비셨나요. 다리 위에선 연인들의 키스 소리가 어쩜 이리도 크게 들리는지. 나는 저들이 부럽고 보기 좋기만 한데 엄마는 부끄러워 피하시네요. 딸내미랑 야한 영화 한 편도 제대로 못 보는 쑥스럼쟁이 우리 엄마. 소녀 같은 우리 엄마라 더 사랑스럽지만은요.

엄마, 이 동네 체리나무 말이에요, 세상에 이렇게 예쁜 나무가 또 있을까 싶지 않아요? 굵은 눈송이처럼 떨어지는 하얀 꽃잎도 그렇고, 마법처럼 새빨개진 체리 열매는 어찌나 탐스러운지요. 엄마, 체리 맘껏 먹는 계절에 프라하에 다시 한 번 와요. 그때 키 큰 나무들의 웃음소리도 함께 들어요.

– 《보통날의 여행 4. 내가 만난 유럽》
〈엄마와 유럽〉 중

● 담담한 문체의 에세이

　도착한 곳은 통영이었다. 통영은 가는 곳마다 사람들로 붐볐다. 벽화마을은 홍대 거리 같은 느낌이 났지만 오랜 시간 동네를 지켜온 흔적들은 많이 남아 있었다. 강구안은 어린 시절 골목길에서 보던 풍경들과 이야기가 가득한 장소였다.

　그런 통영에서 맨 처음 찾은 식당은 서호시장에 있는 '호동식당'이었다. 식당의 복국은 특별하지 않았다. 졸복이라는 손가락만 한 복어와 콩나물, 미나리를 넣고 뚝배기에 맑게 끓인 복국은 맑게 끓인 만큼 큰 맛이 나지 않았고 담담했다. '담담해서 좋았다'도 아니고, '담담해서 맛이 없었다'도 아니었다. 그저 담담해서 담담했다. 음식 맛에 따라 기분이 좌우되기도, 기분에 따라 음식 맛이 좌우되기도 하는 법이다. 그 복국 한 그릇이 그랬다.

　큰 기대도 하지 않았고, 기대가 있다면 '혹시 아무 맛도 안 나지 않을까' 하는 쪽에 가까웠다. 아마도 그래서 복국은 내게 더 담담하게 느껴졌을지도 모른다. 그 텅 빈 맛의 맑은 국은 비어 있는 마음을 채우지도, 달래지도 않고 그저 담담하게 혀를 지나 뱃속으로 넘어갔다.

　여행을 왔지만 여행을 해도 되는 것일까, 통영에 왔지만 통영에 와도 되는 것일까.

- 《보통날의 여행 3. 여행, 그 순간의 음식》
〈보통날의 잉여〉 중

묘사가 잘된 에세이

나는 살구색 스키니진에 원피스형 흰색 셔츠를 입고 있었다. 셔츠 위엔 남색 니트 스웨터를 입고, 짙은 카키색 머플러를 둘러 목둘레를 깊숙이 감쌌다. 이런 옷차림과 교토의 날씨는 완벽히 잘 맞았다.

한낮이 되자 봄볕이 정수리 위로 뜨겁게 내려앉았다. 좀 전에 궁금해서 한 번 맛본 생맥주 한 모금 때문에 온몸이 가려워서 불편한 것을 빼곤 완벽한 교토의 오후였다.

"하로~ 도쵸 안녕하세요, 어서 와요."

좁은 골목 한편에 쭈그리고 앉아 책을 보던 내게 그가 조심스러운 목소리로 부르며, 오라고 손짓했다. 민머리에 가까운 짧은 머리에 파란색 짙은 스트라이프가 그려진 남방 아래로, 허리춤부터 발목까지 긴 다리를 슬림하게 덮은 면마혼방 소재의 미색 앞치마를 단정하게 입은 남자는 공손했다. 일본의 스타일리시한 남자가 그러하듯 갸름한 얼굴형이었지만, 구레나룻과 턱 주변으로 옅게 퍼진 수염의 흔적 때문에 그에겐 젠틀한 인상의 남성미가 충분히 흘렀다.

일이 생각보다 빨리 끝나기도 했고 볕이 좋아 조금 걷다보니 가게 오픈 시간보다 30분이나 일찍 도착했었다. 가게를 두리번거리다 청소하러 나오던 그와 마주친 것이다. 친절한 그는 내게 아직 오픈 전이고 계단을 청소해야 한다며 양해를 구했다. 그런 그를 신경 쓰이게 하고 싶지 않았을 뿐이다. 골목의 끝 쪽, 볕이 잘 드는 곳에 앉아 있었던 것은 순전히 그 이유 때문이었다.

　"하이, 아리가또고자이마스 네, 감사합니다."

　얼결에 대답이 튀어나왔다. 그냥 뒀어도 시간에 맞춰 올라갔을 텐데 굳이
1층까지 내려와 일부러 나를 불러준 그의 수고에 눈인사와 함께 짧은 고마움
을 전했다.

　가게는 고즈넉하고도 품위가 흘렀다. 입구 왼편 작은 주방의 카운터 테이
블 위에는 다섯 개의 핸드드립용 커피드립 실린더가 있었다. 그 바로 앞에는
4인용 테이블이 하나 있었는데, 주로 단골이나 지인들이 그 자리를 이용하는
것 같아 보였다.

　가게는 여덟 평 정도의 길쭉한 직사각형 모양으로, 주방을 등지고 왼쪽에
는 여덟 명 정도 앉을 수 있는 바 테이블이 있었다. 바 테이블 벽에는 두 개의
창문이 나 있었다. 웬만하면 결코 열 일이 없을 것처럼 야무지게 닫힌 창 위
로 목재 블라인드가 창 크기의 3분의 1쯤 드리워져 있었는데 짙은 나무색 테
이블과 세트인 것 처럼 훌륭한 하모니를 이루고 있었다.

– 《보통날의 여행 5. 내가 만난 아시아》
〈코끼리 공장 커피〉 중

여행지를 자세하고 생생하게, 여행 정보성 기사

　여행 정보성 기사는 말 그대로 여행지에 관한 다양한 정보를 소개하는 글로 흔히 잡지, 웹진, 신문, 사보 등에서 자주 볼 수 있다. 그리고 정보성 기사를 통해 특정 지역에 대해 집중적으로 소개한 단행본을 여행 정보서 혹은 가이드북이라 부른다. 여행 정보성 기사의 주목적은 정보 전달이니만큼 객관적, 구체적이고 정확한 정보가 많을수록 좋다.

　요즘은 이러한 정보성 기사에 에세이 형식을 입혀 '감성 가이드북'을 표방한 책이 나오기도 한다. 감정을 말랑말랑하게 건드려주는 문장들이 들어가면 단순한 정보만 열거됐을 때보다 정보가 돋보이기 때문이다.

　나만의 여행책 중에는 아무래도 에세이가 많지만 여행 전, 그리고 여행 중 모은 정보를 묶은 가이드북 형식의 책도 적지 않다. 힘들게 모았던 정보들을 여행이 끝났다고 그대로 버리기엔 아깝지 않기 때문이다. 또 구체적인 정보가 있으면 그만큼 여행의 기억을 떠올리기도 쉽다.

기사를 작성하는 순서는 기사 기획, 리드글 작성, 본문 작성, 마무리다. 기사 기획이란 어떤 주제와 흐름으로 여행지를 소개할지 정하는 단계다. 벚꽃 여행, 가족 여행 등으로 테마를 잡아 여러 여행지를 한꺼번에 묶어 소개할 수도 있고, 서울 연남동 동진시장, 파주 헤이리마을 같이 특정 지역을 하나의 주제로 잡을 수도 있다. 또한 여정을 중심으로 동선에 따라 여행지를 소개하는 방법도 있다.

여행 정보성 기사는 먼저 여행지를 한눈에 보여주는 제목으로 시작된다. '가을 속살에 취하다, 경북 영주', '지중해를 온몸으로 느끼다, 몰타Malta의 고조Gozo 섬', '중세 성채 도시를 거닐다, 몰타의 수도 발레타Valletta' 등…. 여행하며 느낀 점을 바탕으로 전체 여행을 정리하는 한 문장을 뽑아보자.

리드글은 어떤 기사에든 반드시 필요한 구성이다. 글자 크기 10포인트 기준 A4용지 서너 줄 분량의 글로, 본문을 읽기 전 독자들의 기대감을 불러일으키는 일종의 예고편이다. 매혹적인 리드글은 호기심을 끌어낸다. 나는 일본 간사이關西 지방을 여행한 후, 리드글을 다음과 같이 썼다.

"일본이 낳은 세계적인 사진작가 호시노 미치오星野道夫는 헌책방에서 우연히 본 한 장의 사진에 반해 무작정 알래스카로 여행을 떠났다. 일본의 평범한 어린 소년에게 여행의 발로發露가 되어준 것은 다름 아닌 여행지의 매혹적인 풍경이었다. 여행자의 시선을 사로잡을 간사이 볼거리의 모든 것, 여행에 발로가 되어줄 것이다."

정보성 기사라면 '깨알같이' 자세한 여행 정보 역시 놓치지 말아야 한다. 신문이나 잡지 속 여행 기사를 보면 '여행 노트'나 '여행 팁'이라는 소제목으로 여행지를 찾아가는 방법, 전화번호, 주소, 영업 시간, 휴무, 가격 및 입장료 정보, 홈페이지 등을 자세히 소개한다. 이처럼 여행책을 펴면 언제라도 다시 찾아갈 수 있도록, 여행을 준비하며 혹은 여행 중 얻은 정보를 정리해두면 좋다.

또한 추가적인 정보도 자세하면 자세할수록 좋다. 여행지 주변의 먹거리, 즐길거리, 숙소, 주변 지역까지의 소요시간, 시기별 축제, 여행 팁 등…. 정보가 친절할수록 읽는 이들은 더 큰 감동을 느낀다. 또 글 쓰는 자신에게도 이미 다녀온 여행을 다시 한 번 정리하는 계기가 된다.

봄이면 더 맛있는 남해의 보물, 멸치 쌈밥

경남 남해, 지족마을

~~~~~~~

봄바람이 살랑살랑 불어오면 엉덩이가 들썩이는 것이 비단 봄처녀만은 아니다. 봄을 맞아 알을 가득 품은 멸치떼가 남해를 온통 은빛으로 물들이며 새로운 계절의 시작을 알리기 때문이다.

지족해협知足海峽을 사이에 두고 창선면과 접한 지족마을은 경상남도 남해 삼동면 중심부의 면소재지 인근에 고즈넉히 자리한다. 예로부터 이곳은 물살이 셀 뿐만 아니라 멸치를 비롯한 다양한 어종이 많이 잡히는 곳이라 죽방렴을 설치해 어업을 해왔다. 이렇듯 지족마을은 옛날 방식 그대로 어업을 이어오는 유일한 곳이기도 하지만 무엇보다 이제는 이곳이 아니면 볼 수 없는 수백 년 전통의 V자 형 죽방렴과 현대적 모습의 빨간 창선교의 조화가 만들어내는 마을 풍경이 훌륭한 곳이다.

각종 어종이 많이 잡히는 지족해협을 배경으로 지족마을에서는 선상낚시, 조개잡이 등을 진행한다. 체험객들은 직접 배를 타고 나가 내 손으로 물고기를 낚아 올리며 손맛을 즐길 수 있다. 또한 지족마을 앞 혼합갯벌에서는 바지락, 우럭조개, 대합 등 다양한 조개를 캘 수 있는데 갯벌장에서 죽방렴을 가깝게 볼 수 있어 다른 곳과는 색다른 볼거리를 안겨준다.

지족마을은 봄철 별미인 멸치의 산지이다. 인근에 자리한 미조항에서 멸치 축제가 개최될 만큼 이 일대 어장에는 멸치가 풍성하다. 벚꽃이 피기 시작할 무렵부터 잡히기 시작하는 멸치는 주로 멸치쌈밥으로 먹는다. 통멸치에 고춧가루와 마늘, 시래기 등을 넣고 자작하게 끓여낸 멸치찌개에서 멸치를 건져 쌈밥처럼 싸서 먹는데, 이때 멸치젓갈무침을 함께 올려 먹으면 그 맛이 일품이다.

📍 추천 식당

지족마을 내에 위치한 남해 지족시장에서는 싱싱한 수산물을 구매할 수 있다. 또 마을을 대표하는 맛집들도 있어 편하게 식사가 가능하다.

다원식당

지족마을 어촌계회관에서 걸어서 5분 거리에 위치해 있다. 골목 입구에서 가장 먼저 눈에 띄는 식당으로 소박한 간판에 깔끔한 인테리어가 식사 시간을 한결 편안하게 만들어준다. 다원식당은 현지주민들의 추천 맛집이기도 하지만 무엇보다 남해 여행 시 멸치쌈밥을 먹기 위해 찾아드는 여행자들에게 더 유명한 곳이다. 있는 그대로의 맛을 선보이고 평가받겠다는 김무형 사장의 순수한 음식 철학에 손맛 기똥찬 박순란 사장이 빚어낸 음식의 맛이 지금의 다원식당을 만들었다. 차려져 나오는 기본 반찬들은 그것만으로도 충분히 한 상이 될 만큼 알차고 맛있는 제철 식재료들로 가득하다. 다른 곳에선 쉽게 맛볼 수 없는 멸치젓갈무침은 밑반찬으로 제공되는 게 아까울 정도로 밥도둑이 따로 없다.

주요 메뉴 멸치쌈밥, 멸치회무침, 갈치조림
주소 경상남도 남해군 삼동면 지족리 282-2 **문의** 055-867-2145

죽방렴횟집

주요 메뉴 멸치쌈밥, 멸치회, 회덮밥
주소 경상남도 남해군 삼동면 지족리 224-6
문의 055-867-3293

단골식당

주요 메뉴 멸치회, 멸치쌈밥, 갈치회
주소 경상남도 남해군 삼동면 지족리 283-2
문의 055-867-4673

🦪 봄 제철 수산물 파는 곳

남해 지족시장 | 지족마을 내

지족마을 내에 자리한 남해 지족시장은 규모가 크진 않지만 지족마을에서 수확한 죽방멸치들을 직접 사기에 좋다. 시장 한편에는 옹기종기 모여 앉은 어민들이 당일 직접 잡아온 수산물을 손질하고 있는 모습이 눈길을 끈다. 직접 잡은 멸치로 만든 멸치액젓을 비롯하여 각종 어패류 및 건어물까지 구입 가능하며, 들고 가기 부담스러운 관광객을 위해 택배 발송 서비스도 진행하고 있다. 시장 주변에는 몇 개의 횟집이 있는데, 모두 지족마을의 특산물인 멸치쌈밥, 멸치회 등은 물론이고 다양한 회도 맛볼 수 있는 곳이다.

📍 **위치** 경상남도 남해군 삼동면 지족리

🚌 **교통안내** **자동차** 남해고속도로 사천IC → 창선, 삼천포대교 → 남해삼동방면 → 창선교 건너 우회전 → 남해 지족시장

대중교통 남해시외버스터미널 → 남해–미조 버스 → 삼동면사무소 정류장 하차 → 남해 지족시장

🔍 지족마을 봄 체험 프로그램

선상(배)낚시

직접 배를 타고 가까운 바다에 나가 고기를 잡는 낚시 체험이다. 매년 봄이면 활발히 이루어지는 도다리 배낚시는 뻘과 모래가 섞인 곳에서 주로 한다. 도다리 낚시는 3월부터 시작되며 초고추장과 쌈장을 준비해두었다가 잡은 고기를 배 위에서 바로 회로 맛볼 수 있다. 요금 15만 원(6인승 기준).

조개잡이

갯벌체험 중 하나인 조개잡이 체험은 지족마을에서 가장 인기 있는 프로그램이다. 지족 어촌체험마을 앞은 혼합갯벌로 바지락, 우럭조개, 대합 등 다양한 종류의 조개를 만나볼 수 있다. 장화, 호미, 장갑, 바구니는 무료로 대여해 주며 물때에 따라 체험 가능여부가 결정되므로 사전 전화예약은 필수다. 요금 1만 원(성인), 5,000원(어린이).

ℹ️ 체험마을 안내
주소 경상남도 남해군 삼동면 죽방로 24
문의 055-867-8249
홈페이지 jijok.seantour.org

🚍 교통안내
남해고속도로 사천IC → 창선 삼천포대교 → 남해삼동방면 → 창선교 건너 우회전 → 창선교 밑 지족 어촌마을

🏠 숙박업소
바다펜션(055-864-8249)
선경네민박(055-867-1751)
명희네민박(055-867-2012)

MINI INTERVIEW

김철식 계장

창선대교가 생기면서 더 많은 관광객들이 저희 마을을 찾을 수 있게 되었습니다. 저희 마을에서 제공하는 다양한 체험 프로그램은 지족마을의 자랑이지요. 체험 현장에서는 매우 가까운 거리에서 남해의 상징인 죽방렴을 볼 수 있어요. 맛있는 죽방멸치 요리는 더 말할 것도 없지요. 봄을 맞아 아이들과 함께 신나는 체험 프로그램도 즐기고, 맛있는 죽방멸치도 드시러 저희 마을에 놀러 오세요.

😊 주변 볼거리

- 이충무공 전몰유허지
- 단항
- 남해군청
- 지족마을
- 모상개 해수욕장
- 국제탈공연예술촌
- 남해 지족시장
- 용문사
- 원예예술촌
- 물건리 해수욕장
- 구미동해변
- 국립남해 편백 자연휴양림
- 다랭이 마을
- 상주 은모래비치
- 송정 솔바람해변
- 미조항

독일마을

지족마을에서 자동차로 5분 거리에 있는 독일마을은 1960년대 산업역군으로 독일에 파견되어 살던 교포들이 한국에 정착할 수 있도록 삶의 터전을 제공해주고 독일의 이색적인 문화를 볼 수 있는 관광지로 개발된 곳이다. 마을에는 주로 펜션이나 숙박 위주의 건물들이 많지만 높은 곳에 올라가 내려다보면 독일의 산골마을이 연상된다. 파독 박물관은 이곳에서 유일하게 내부를 공개하고 있는 건물이다.

원예예술촌

원예예술촌은 원예전문가를 중심으로 20여 명의 원예인들이 집과 정원을 개인작품으로 조성해 만든 곳이다. 스파정원, 토피어리정원, 조각정원, 풍차정원, 풀꽃지붕, 채소정원 등은 각각의 개성을 담은 스물한 개의 주택과 함께 조성되어 있으며 실제로 원예인들이 거주하고 있다는 점이 특징이다. 특히 봄이 되면 화려한 옷을 갈아입는 다양한 꽃들로 더 아름다운 정원을 만날 수 있다.

📅 여행기자 뺨치는 글을 위한 취재 팁

이왕 가는 여행, 여행기자처럼 취재도 해보기로 했다면 취재 계획을 꼼꼼히 세워보자. 무작정 취재를 떠났다간 정보 부족 등으로 낭패 보기 십상이다. 지금부터 누구나 쉽게 따라할 수 있는 여행기자들의 팁을 살짝 공개한다.

취재에도 순서가 있다. 기사 기획, 자료 수집, 취재 준비, 본 취재, 취재 후 정리가 그것이다. 글의 주제 혹은 기획 내용이 정해졌다면 먼저 여행지 정보를 수집한다. 단순한 지리적 정보는 물론이고 역사와 인물, 정치·문화적 환경에 대한 이해 역시 기본 중의 기본이다. 그리고 잡지나 신문 등 매체를 중심으로 같은 지역을 다뤘던 글을 확인해 글의 방향을 정한다.

자료 수집을 충분하게 마쳤다면 본격적으로 취재를 준비할 차례다. 일정을 확인하고 시간대별 취재 계획을 세운다. 거창하게 들리지만 이를테면 일몰, 일출 시간을 확인하거나 날씨를 미리 점검하는 과정이다. 야경을 담을 계획이 아니라면 가능한 한 빛이 충분히 있는 낮 시간에 취재가 끝나도록 일정을 짜야 한다. 한겨울에는 여름보다, 시골에는 도시보다 더 빨리 밤이 찾아온다. 오후 다섯 시만

되도 금세 어두워지므로 서너 시 정도에는 필요한 취재를 모두 마쳐야 한다.

기사에 따라 취재원 확보, 즉 여행지에 대한 자세하고 정확한 정보를 가진 사람을 섭외하는 게 중요한 경우도 있다. 훌륭한 취재원은 기사의 신뢰도를 높여준다. 정확한 정보를 얻고 싶다면 각 지자체 담당자, 마을 이장님, 문화해설사, 관광공사 직원 등에게 미리 연락해 일정을 협의하는 편이 가장 좋다. 하지만 진짜 기자가 아닌 우리에게는 우연히 만난 동네 토박이 분들의 이야기로도 충분하다.

본격적인 취재가 시작되면 기록에 '집착'해야 한다. 이때 일반적 지식보다 나만의 경험을 끊임없이 기록해야 한다는 사실을 잊지 말자. 일반적 지식은 준비 단계에서 충분히 취재했으므로 현장에 가서는 확인 위주로 진행하면 된다.

현장감 넘치는, 나만의 시선이 녹아난 기사를 쓰기 위해서는 본인이 직접 여행자가 되어야 한다. 때문에 여행지에서 얼마나 부지런히 기록하느냐가 원고의 완성도에 결정적 영향을 미친다. 휴대폰, 여행 수첩, 녹음기, 카메라 등의 도구를 적극 활용하자.

집착 수준으로 기록하며 본 취재를 끝낸 후에는 정리를 해야 한다. 아무리 성실히 취재했고, 자료가 많아도 정리되지 않은 정보는 큰 쓸모가 없다. 외장하드 혹은 개인 컴퓨터에 사진은 사진대로, 녹취는 음성 파일로, 메모는 워드파일로 잘 정리해 폴더별로 저장한다. 자료 정리는 미루지 말고 당일 끝내는 편이 좋다.

📅 여행에 취하고 글쓰기에 집착하라

여행하며 글 쓰는 일은 꽤나 낭만적이다. 그러나 '여행의 기술' 없이는 사실 매우 어려운 일이기도 하다.

가령 술에 대한 글을 쓰기 위해 술을 마신다면? 너무 많이 취하면 인사불성이 되니 제대로 글을 쓸 수 없고, 맛만 본다면 글을 쓸수는 있지만 분명 충분하지는 않다. 적당히 기분 좋을 만큼만 마셔야 술에 취했을 때의 진짜 느낌을 적나라하게 글로 옮길 수 있고, 읽는 이들에게도 그 감상이 강렬하고 생생하게 전달된다. 그러나 그 수위를 맞추는 일은 생각보다 쉽지 않다.

여행도 마찬가지다. 여행의 순간들을 그대로 기록하기 위해서는 여행에 충분히 몰입해야 하지만 기록을 위해서는 적당히 거리가 필요하다. 여행에 취해 어영부영 시간을 보내다 보면 아무것도 남지 않는다. 두 번 다시 같은 시간은 돌아오지 않기 때문이다. 양날의 칼이다.

어쨌거나 여행을 글로 남기고 싶다면, 한 권의 책으로 만들고 싶다면 '집착'이란 느낌이 들 정도로 글쓰기에 부지런해야 한다. 여행에 더불어 글쓰기에 취하시라.

원고 정리의 기술

책을 만들기 위해서는 반드시 원고가 필요하다. 일기, 여행 노트 등 혼자 써왔던 모든 종류의 글은 책이 될 수 있는 소중한 자산이다. 당장은 필요 없다고 생각되는 것도 반드시 정리하고 보관해야 하는 이유다.

컴퓨터에 폴더 하나를 만들어, 흩어져 있는 글들을 모아 항목별로 분류하는 게 우선이다. 혼자 보려고 끼적여놓은 글이라 분류하기 애매하다면 폴더 이름도 '혼자 보려고 쓴 글 모음'이라고 하면 된다. 어쨌거나 분류가 중요하다는 말이다.

손으로 꾹꾹 눌러쓴 일기장이나 여행 노트에 적어둔 글은 틈틈이 컴퓨터로 옮겨놓아야 사용 가능한 콘텐츠가 된다. 이런 일은 한번에 끝내려고 하기보다 시간이 날 때마다 틈틈이 해두면 된다. 블로그나 SNS에 흩어진 글도 마찬가지다. 인터넷에 올린 글을 긁어와 워드문서로 저장 후 관련 폴더에 저장해두면, 나중에 책으로 만들 때 편하다.

이런 폴더 관리를 따로 할 필요가 없는 글쓰기 프로그램으로 '스크리브너Scrivener'가 있다. 4만 원대의 유료 프로그램이긴 하지만 '작가를 위한 최고의 저작도구'라는 명성을 가진 만큼 글을 쓰고 관리하는 데 최적화되어 있다. 자료 수집부터 기본 틀 잡기, 편집, 출판에 이르기까지 다양한 기능을 자랑하고 글의 성격에 따라 파일을 각각 구분해 저장하는 메커니즘이 훌륭해 책을 쓰거나 논문을 쓰는 사람들에게 꾸준히 인기가 있다.

여기저기 메모를 하는 통에 글이나 사진을 한데 모아두지 못하는 사람이라면 에버노트Evernote를 추천한다. 휴대폰과 컴퓨터에서 모두 사용가능한 프로그램이므로 언제 어디서든 글을 쓰고 메모할 수 있고, 장비에 관계없이 자유롭게 이용할 수 있다는 장점이 있다. 게다가 블로그처럼 글에 사진을 함께 붙여 저장할수도 있고, 키워드 검색 기능을 이용해 단어 하나만으로 10년 전 콘텐츠도 찾아낼 수 있어 편리하다. 참고로 나는 개인적인 목적으로 오랫동안 여행을 갈 때는 무거운 노트북을 가져가지 않는다. 블루투스 키보드 하나와 휴대폰이면 충분히 글을 쓸 수 있기 때문이다. 역시 에버노트 덕분이다.

世界文屋

sekai bunko

Art,
Books,
Cafe,
Design

SECTION

3

여행의 감성을
200% 담은 실전 글쓰기

기록해야 한다는 것도 알고, 쓰고 싶은 마음도 굴뚝같은데
이놈의 글쓰기라는 게 당최 마음 같지가 않다.
첫 문장부터 막힌다. 마우스 커서가 같은 자리에서 깜빡인지
몇 분이나 지났지만 좀처럼 나아갈 기미는 보이질 않는다.
답답함을 참지 못해 컴퓨터를 끄고 자리에 눕는다.
그리고 생각한다. '아, 왜 나는 첫 문장부터 막히지?'

초고
: 일단, 무조건, 그냥 써내려가기

글쓰기가 어려운 이유는 잘 쓰고 싶기 때문이다. 첫술에 배부르랴. 글을 잘 쓰려면 일단 뭐라도 쓰고 봐야 한다. 제아무리 유명한 작가라도 한 번에 휘갈겨 멋진 글을 뚝딱 완성하진 못한다. 우리가 이제껏 봐왔던 책들은 작가들이 최선을 다해 쓰고, 수없이 많은 퇴고 과정을 거쳐 나왔다. 그야말로 잘 정제되어 나온 결과물이다. 그들의 글을 동경하며, 그렇게 쓸 수 없다고 나도 모르게 조바심내고 있지는 않은지 자신을 돌아봐야 한다.

천천히 걸음을 떼자. 초고가 그 시작이다. 초고는 의식의 흐름대로 떠오르는 단어라도 술술 써내려가는 게 먼저다. 잘 쓰려는 마음을 조금 내려놓으면 된다. 마음에 부담이 생기면 쓰려던 글도 못 쓴다. 평소에는 막힘없이 줄줄 이야기하다가도 발표장에 서면 꼭 버벅거리게 되는 상황은 비단 남의 이야기가 아니다. 일단, 무조건, 그냥 쓰는 일이 중요하다.

내 여행 이야기를 궁금해하는 친구를 생각하며 노트에 혹은 컴퓨터에 신나게 떠들어대는 거다. 처음에 하려던 이야기와는 달리

삼천포로 빠질 수도 있다. 괜찮다. 끊기지 않는 게 중요하다. 이때 멋들어진 문장을 만들기 위해 괜히 집착하지 않도록 한다. 술술 풀어나가야 할 단계에서 오히려 흐름이 끊어질 수 있기 때문이다.

솔직하게 자신의 경험을 풀어내다 보면 자연스럽게 감동스러운 지점이 나타난다. 이 과정은 여행 중 틈틈이 기록해둔 메모가 있다면 좀 더 수월하다. 당시의 기억을 되짚는 좋은 단서가 되기 때문이다. 다시 한 번 강조하지만 초고는 맞춤법도, 표현도 신경 쓰지 말고 일단 쓰자.

'그래도 되나' 하고 어리둥절하겠지만 '잘 쓴 글' 이전에 '완성된 글'이 먼저다. 일단 어떻게든 초고가 완성되면 나머지는 한결 쉬워진다. 퇴고를 통해 보기 좋게 다듬기만 하면 되니까. 잘 쓴 글은 그렇게 탄생한다. 초고는 초고일 뿐이다.

퇴고
: 고치기만 잘해도 훌륭한 글이 된다

유명한 작가들의 글쓰기 비법에 항상 빠지지 않는 것이 있다. 아무리 강조해도 지나치지 않은 한 가지, 퇴고다. 미국의 소설가 어니스트 헤밍웨이Ernest Hemingway는 이렇게 말했다.

"모든 초고는 쓰레기다. 특히 내 글은 더하다. 초고는 걸레로 나올 것을 잘 알고 있으니 마음 편히 쓴다."

그는 《노인과 바다》를 완성하기 위해 200번이나 퇴고를 했다고 한다. 모르긴 해도 그쯤 되면 책 한 권을 통째로 외울 지경이 아니었을까. 프랑스 작가 베르나르 베르베르Bernard Werber 또한 120번의 퇴고를 거쳐 《개미》를 완성했고, 최명희는 《혼불》 한 작품을 쓰고 다듬는 데 17년이라는 세월을 오롯이 바쳤다. 퇴고가 작품의 완성도를 결정한다는 것을 여실히 보여주는 대목이다.

국어사전에서 정의하는 퇴고는 '글을 쓸 때 여러 번 생각하여 고치고 다듬음. 또는 그런 일'이다. 글 쓰는 과정은 밥을 지을 때와 비슷하다. 그래서 글과 밥을 똑같이 '짓는다'고 표현하는 게 아닐까.

그런 의미에서 글쓰기를 음식에 비유하면 주제를 정하고 좋은 글감을 찾는 일, 그리고 초고를 완성하는 일은 좋은 식재료와 알맞은 조리법을 찾아 음식을 만드는 과정이라고 할 수 있다. 그렇다면 퇴고는 거의 다 된 음식에 알맞은 간을 하고 근사하게 장식해 내놓는 일에 비유할 수 있다.

초고는 마음 편하게 쓰는 대신 퇴고에 심혈을 기울여야 하는 까닭이다. 때문에 내가 진행하는 여행작가 수업에서도 초고를 쓴 후 1차, 2차로 계속 퇴고를 연습할 수 있도록 커리큘럼을 만들었다. 이 과정을 통해 글의 완성도를 높이는 방법을 익혔다는 후기가 꽤 많았다. 열심히 쓴 글을 다듬고 수정한다는 게 생각보다 쉬운 일은 아니다. 간단한 조사나 단어 정도만 수정할 수도 있지만 앞뒤 맥락을 위해 치열하게 고민했던 문장을 아예 바꾸거나 지워야 할 때도 있다.

아무리 좋은 내용이라도, 글 전체로 볼 때 부적절하다고 판단되면 통째로 들어내야 한다. 애써 쓴 글을 빼야 할 때는 아까운 마음이 굴뚝같다. 이럴 때는 용기가 필요하다. 이미 써놓은 글에 대한 미련을 버리고, 전체적인 완성도를 위해 굳게 마음먹어야 한다. 용기를 낼수록 글의 완성도가 높아진다. 글 쓰는 일은 끊임없는 자기 검열의 과정이라고 생각하면 된다.

다음은 여행작가 수업의 수강생이 일본 오사카 여행 이야기를 일기처럼, 시간의 순서대로 편안하게 써내려간 글이다. 그러다 보니 글이 마무리되지 않은 듯 흐지부지 끝난 점이 아쉬웠다. 따라서 퇴고를 하면서는 화자의 입장에 치우쳐 썼던 내용을 독자들이 볼 때도 따라가기 쉽도록 전개했다.

시간의 순서대로 전개하되, 부분적으로는 의식의 흐름을 따라 이야기를 풀어냈다. 특히 단락을 통째로 들어내 마지막 부분으로 옮겨 놓음으로써 깔끔하게 마무리된 점을 주목해보자.

〈아즈치 성터〉

2007년 여름방학, 생애 두 번째 나 홀로 여행을 오사카로 다녀왔다. 일정도 4박 5일이었다. 2년 전 유럽 여행 이후로 처음 사흘이나 휴가를 얻었다. 누가 그다지 뭐라 그러는 것도 아닌데, 휴가 날짜 빼기는 뭐 그렇게 어려웠는지 모르겠다. 5일이나 오사카를 가는데, 어떻게 일정을 잡아야 할지 막막했다. 주어진 시간은 빠듯했고, 가고 싶은 곳은 너무 많았다. 그 와중에 꼭 가봐야겠다고 생각한 곳이 일본 전국시대 무장 오다 노부나가의 아즈치 성터였다.

해를 넘기며 읽었던 《대망》 시리즈의 등장인물들 중 가장 매력적이라고 생각한 인물이 '귀신'으로도 불렸다는 폭군 오다 노부나가였다. 어수선한 일본을 평정하고 화려하게 지은 성이 '아즈치 성'이었다. 그러나 정작 성 주인인 그는 성에 얼마 살지도 않았다고 한다. 그는 서쪽 유력 세력 모리 가문을 치기 위해 교토 근교 혼노지라는 절에 머물다가 직속부하 아케치 미츠히데의 반란으로 마흔아홉 살에 사망했다. 그가 즐겨 부르던 단가가 '인생 50년'이었다는 기록이 애잔하게 기억에 남았다.

당시 모두 불타 없어지고, 천수각 기둥 터만 남았다는 성터를 꼭 찾아가고 싶었다. 그러나 준비하는 동안 어떤 책을 찾아봐도 시골 마을 아즈치를 찾아가는 길은 없었다. 일본어도 사전을 뒤져가며 겨우 찾아보던 때라 일본어 안내를 읽는 것은 무리였다. 그럼 다른 곳을 가야 하나 실망스러운 마음을 달래볼 여유도 없이 시간은 지나가고 있었다. 늘 그렇듯 휴가 직전엔 모든 일이 나를 향해 달려들기 때문이다. 마지막으로 한 번 찾아보자고 인터넷 검색

창에 '오다 노부나가, 아즈치 성'을 검색했다. 이게 웬일! 거길 다녀온 분이 있었다. 어찌나 친절하게 가는 길을 잘 기록해놨는지, 만나서 밥이라도 사고 싶은 심정이었다. JR 신오사카 역에서 기차를 타고 한 시간 정도 가서 또 지역 노선 기차를 타고 한 시간 정도 가면 나온다는 것이다. (…) 관광안내소에서 지도를 받아 들고 아즈치 성을 찾아 나섰다. 궂은 하늘에서 비도 부슬부슬 내리고 있는데, 하늘에 커다란 까마귀가 날아다니고, 내 눈 앞에 떡 하니 커다란 묘지가 펼쳐져 있었다. 그 전 겨울 도쿄에 갔을 때, 동네 한가운데에도 마다하지 않고 들어서 있던 묘지를 보기는 했었지만, 아직 익숙해지지 않는 풍경이었다. 사진을 찍기도 뭣해서 조용히 그 골목을 빠져 나왔다. 더 황망했던 것은 동네를 빠져 나왔는데, 어디에도 '성' 비슷한 건물도 있을 것 같지 않은 시골 풍경이었다. (…)

표를 사는데, 판매하시는 분이 안내 지도를 주시면서 '당신한테 너무 높지 않았으면 좋겠다'며 웃으셨다. 입구에 보이는 계단은 그다지 높아 보이지 않았다. 그때는 그 산 자체가 성터라는 것을 알 수가 없었다. 숨이 턱에 차올라 계단 중간에서 뒤를 돌아봤다. 작은 마을의 전경이 펼쳐졌다. 그것도 충분히 볼만했는데, 천수각 터는 아직 멀었다. (…) 기둥이 서너 개 남아 있을 뿐인 그곳을 보자고 그렇게 길을 헤맸나 싶기도 했지만, 앞에 보이는 아즈치의 풍경은 참 멋있었다. 이래서 그 수많은 사람들을 고생시키며 산꼭대기에 성을 지은걸까 하는 생각을 했다. 책에서 읽은 아즈치 성의 면모는 화려하기 이를 데 없었는데, 나무와 풀만 지키고 있는 실제의 성터는 무척 쓸쓸했다.

돌아 내려오는 길은 숲이 무성했다. 올라온 만큼 내려와야 하는데, 다리가 한없이 후들거렸다. 그대로 잘 내려와서 잘 찾아갔으면 좋았겠지만, 역까지 돌아가는 길도 어디로 가야 더 멀리 갈 수 있는가를 시험하듯 돌아서 갔다.

〈아즈치 성터로 가는 길〉

2007년 여름이었다. 2년 전 유럽을 다녀온 이후 처음 얻은 휴가였다. 누가 뭐라 그러는 것도 아닌데, 휴가 날짜 빼기는 왜 그리 어려웠는지. 4박 5일의 짧은 일정이었지만 나는 생애 두 번째 나 홀로 여행을 감행했다. 여행지는 오사카로 정했으나 어떻게 일정을 잡아야 할지 막막했다. 주어진 시간은 빠듯했고, 가고 싶은 곳은 너무 많았다. 하지만 놓치지 않겠다고 마음 굳힌 곳이 있었다. 일본 전국시대 무장, 오다 노부나가의 아즈치 성터였다.

모두 불타 없어지고, 지금은 천수각 기둥 터만 남았다는 그곳을 꼭 찾아가고 싶었다. 그러나 여행을 준비하면서 찾아본 많은 책 중 작은 시골마을인 아즈치를 찾아가는 길은 없었다. 당시에는 일본어도 사전을 뒤져가며 겨우 할 수 있던 때인지라 일본어로 쓰인 안내문을 읽는다는 것은 무리였다. 갈 수 없는 건가 하는 실망스러운 마음을 달래볼 여유도 없이 시간은 빠르게 지나고 있었다. 휴가 직전엔 언제나 그렇듯 모든 일이 나를 향해 달려들기 때문이다.

지푸라기라도 잡는 심정으로 인터넷 검색창에 '오다 노부나가, 아즈치 성'을 넣었다. 이게 웬일! 거길 다녀온 사람이 있었다니. 찾아가는 길을 어찌나 친절하게 잘 기록해놨는지, 만나서 밥이라도 사고 싶은 심정이었다. JR 신오사카 역에서 기차를 타고 한 시간 정도 이동 후 지역 노선 기차로 갈아타고 한 시간 정도 더 가면 되었다. 지금이라면 더 저렴하게 갈 수 있는 방법까지 알아볼 수 있었을 테지만, 당시로선 갈 수 있다는 것만으로도 그저 신났다. (…)

가는 날이 장날인지 궂은 하늘에서는 부슬부슬 비가 내렸다. 머리 위로 커다란 까마귀가 날아다녔다. 설상가상으로 내 눈 앞에 떡하니 커다란 묘지가 펼쳐졌다. 예전에 도쿄를 여행하면서 사람 사는 동네 한가운데 들어서 있던 묘지를 본 적은 있었지만, 이런 풍경이 익숙한 건 아니었다. 사진을 찍기도 어색해서 그 골목을 서둘러 빠져 나왔다. 그러나 아무리 둘러봐도 그저 시골일 뿐, 어디에도 '성' 비슷한 건물조차 없었다.

매표소의 직원은 표와 함께 성터 안내 지도를 건네고는 '당신에게 너무 높지 않았으면 좋겠다'며 미소를 지어 보였다. 입구에서 보이는 계단은 그다지 높아 보이지 않았다. 산 자체가 성터라는 것은 나중에서야 알게 된 사실이었다. 숨이 턱까지 차올라 계단 중간에서 뒤를 돌아봤다. 작은 마을의 전경이 펼쳐졌다. 그것도 충분히 볼 만했는데, 천수각 터는 아직 멀었다. (…)

다리가 뻐근하도록 오르고 또 올라 천수각 터에 도착했다. 기둥이 서너 개정도 남아있을 뿐 특별한 것 하나 없다. 겨우 이런 걸 보자고 그토록 길을 헤맸나 억울한 마음도 없진 않았지만, 아즈치의 전경은 참으로 멋있었다. 이래서 그 수많은 사람들을 고생시키며 기어코 산꼭대기에 성을 지었던 걸까. 책에서 보았던 아즈치 성의 면모는 화려하기 이를 데 없었건만, 이제 나무와 풀만이 남아 지키는 성터는 무척 쓸쓸하게만 느껴졌다.

오다 노부나가는 내가 해를 넘기며 읽었던 일본 소설 《대망》 시리즈의 등장인물 중 가장 매력적이라고 생각한 인물이었다. '귀신'으로도 불렸다는 폭군, 오다 노부나가는 어수선한 일본을 평정하고 마침내 화려한 아즈치 성을 지었다. 그러나 정작 그는 그 성에 얼마 살지도 않았다고 전해진다. 그는 서쪽 유력 세력 모리 가문을 치기 위해 교토 근교 혼노지라는 절에 머물다가 직속부하 아케치 미츠히데의 반란으로 마흔아홉 살에 사망했다. 즐겨 불렀던 단가가 '인생 50년'이었다니 터만 남은 아즈치 성처럼, 화려한 인생도 그처럼 덧없음을 그는 이미 알고 있었을지도 모를 일이다.

글의 완성도를 높여주는 사소하지만 중요한 원칙들

그러면 퇴고는 어떻게 할까. 거창하게 전문가들의 퇴고법을 흉내 내라고 말하는 대신 지금부터 아직 글쓰기에 익숙하지 않지만 글을 잘 쓰고, 다듬어보고 싶은 분들을 위한 '간단 퇴고 가이드'를 소개한다. 누구나 쉽게 도전할 수 있는 아주 기초적이고 쉬운 방법이지만, 이 원칙들만 확실히 지킨다면 글의 수준을 한층 높일 수 있다.

문장은 짧을수록 좋다. 특히 여행책 속 문장은 짧으면 짧을수록 긴장감을 높이고 현장감을 만든다는 특성이 있다. 다음으로 여러 번 반복해서 사용한 단어를 찾아내서 솎아낸다. 우리는 무의식적으로 같은 단어를 중복해서 사용하는 경우가 많다. 사실 이 작업만 잘 해도 초고에 비해 훨씬 매끄러운 글이 된다.

오타와 틀린 맞춤법을 찾아 고치는 것은 기본 중의 기본이다. 혹시 오타는 찾겠는데 맞춤법이 걱정이라면 도구의 힘을 빌리자. 부산대 인공지능연구실에서 제공하는 '한국어 맞춤법/문법 검사기(http://speller.cs.pusan.ac.kr)'가 꽤 정확한 편이라 추천한다.

1차 퇴고를 끝냈다면 출력한 후 소리 내어 읽어본다. 독자들은 책을 컴퓨터로 보지 않는다. 물론 전자책도 있지만 많은 이들이 여전히 종이책을 좋아한다. 때문에 자신의 글을 출력해서 소리 내 읽으며 고치면, 친구의 이야기를 듣는 것처럼 자연스럽게 술술 읽히도록 수정할 수 있다.

마지막으로 잊지 말자. 초고는 작가 마음대로, 퇴고는 독자의 입장에서! 물론 독자의 입장에서 아무리 고민해본들 진짜 독자와는 차원이 다르다. 그래서 퇴고의 마지막은 '베타테스터'를 찾아보는 것이다. 남들에게 글 보여주기를 두려워하지 말자. 주변 지인에게 원고를 보여준 후 최초의 독자로서 의견을 구한다.

여기서 가장 중요한 건 '상처받지 않기'다. 모두 보는 눈이 다르며, 누구든 자신의 의견을 자유롭게 말할 수 있다는 점을 기억해야 한다. 사람들의 칭찬이나 쓴소리에 흔들리지 않도록 마음의 중심을 잘 잡자. 그들의 의견에 귀 기울이되 취할 건 취하고 버릴 것은 과감히 버린다. 이렇게 얻은 다양한 의견은 잘만 이용하면 내게 피가 되고 살이 된다.

다음의 〈첫눈〉은 퇴고의 원칙을 지켜 맞춤법을 맞추고 문장을 짧게 다듬은 글이다. 주제에 맞게 내용을 덜어내기도 했다.

〈첫눈〉

밤인지 낮인지, 밤도 아닌 것이 낮도 아닌 것이 온통 싸라기를 뿌린 듯 하늘이 하얗다. 그리고 새벽이 왔다. 이런 초겨울의 날, 엉덩이 따뜻하게 군불로 지지고 약간의 차가운 공기를 폐부로 삼키고, 창밖의 싸라기눈을 뚫고 나오는 여명을 보며 베토벤의 피아노협주곡 제5번 〈영웅〉을 들어보는 것도 좋다. 어둡지도 밝지도 않은, 이 가물가물한 생을 지켜나가게 하는 힘을 얻을 수도 있을 것 같다.

언젠가 1월 1일 새벽, 해돋이를 맞으러 산정에서 해를 기다릴 때의 살을 에이는듯 했던 그 추위가 일순간 태양이 올라오고, 햇살이 내 코에 닿는 순간에 사라짐을 경험했던 그날의 신비라니. 밤새 첫눈이 내린다.

무등산 너머로 하늘이 붉어지고 있다. 하늘이 깨어나고 있다. 모든 것이 늘 지나가고 다시 일어나고 그러고 있다. 늘 있듯이 늘 없듯이 삶은 지나가는 것이다. 기쁨도 즐거움도 슬픔도 괴로움도 같은 가치와 똑같은 감정의 일부로 지나가는 것을 냉정하게 바라보게 하는 이런 각성의 상태가 나를 깨운다.

지나가는 것들을 지켜볼 수 있는 힘을 주신 것에 감사한다. 이것이 나를 지켜내시는 이의 커다란 힘이고 뜻임을 나는 알고 있다. 그래서 이 새벽에 눈물이 난다. 감사하다. 감사할 뿐이다. 모든 살아 있는 것들과 사라져간 것들에 감사하다. 여기 함께하신 그분께야 오죽하랴. 함께함에 감사하다.

〈첫눈〉

밤새 첫눈이 내린다. 밤인지 낮인지 싸라기를 뿌린 듯 하늘이 온통 하얗다. 그렇게 새벽이 왔다. 이런 초겨울 날씨에는 엉덩이를 따뜻하게 군불로 지지고 차가운 공기는 폐부로 삼키면서 창밖을 바라보는 게 좋다. 싸라기눈을 뚫고 오르는 여명이 아름답다. 오늘 같은 날은 베토벤의 피아노 협주곡 제5번, 〈영웅〉이 좋다. 어둡지도 밝지도 않은, 가물가물한 이 생을 지켜나가는 힘을 얻을 수도 있겠다.

언젠가 새해 초하룻날 새벽, 살을 에는 듯 독한 추위 속에서 해돋이를 기다린 적이 있었다. 일순간 태양이 올라오고 햇살이 코끝에 닿던 순간의 신비를 기억한다.

무등산 너머로 하늘이 붉어지고 있다. 하늘이 깨어나고 있다. 모든 것이 지나가고 다시 일어난다. 기쁨도, 즐거움도, 슬픔도, 괴로움도 같은 질량의 가치와 감정의 일부로 지나간다. 늘 있듯이, 늘 없듯이 그렇게 삶은 지나가는 것이다.

한 번에 정리하는 퇴고의 비법

❶ 전체 원고를 훑어보며 주제에 맞는 흐름인지 확인한다.

❷ 불필요한 단락 구분을 없앤다. 단락 구분은 꼭 필요한 부분에서만 한다.

❸ 문장은 가능한 한 짧게 다듬는다.

❹ 여러 번 반복되는 단어를 찾아 다른 단어로 바꾼다.

❺ 여러 번 읽으며 오타나 틀린 맞춤법을 찾아 고친다.

❻ 퇴고를 끝낸 후에는 출력한 후 소리 내어 읽어본다.

❼ 퇴고는 읽는 사람의 입장에서 한다(제3자에게 보여주며 반응을 살핀다).

MAKING A TRAVEL BOOK
네엣
여행과 사진

SECTION

1

사진, 여행을 담다

도쿄의 헌책방에서 본 한 장의 사진에 반해

알래스카로 떠난 소년은

훗날 전 세계가 주목하는 사진작가가 됐다.

일본이 낳은 세계적인 사진작가 호시노 미치오의 이야기다.

인상적인 사진 한 장이 주는 힘은 생각보다 위대하다.

그때는 괜찮았는데, 집에 와서 보니 이상해

근사한 여행지 풍경을 사진으로 담았다. 이리 찍고 저리 찍어 분명 만족스러운 사진 한 장을 남겨 돌아왔는데, 막상 집에서 다시 보니 어째 좀 이상하다. 이런 경험은 의외로 적지 않다. 여러 가지 이유가 있겠으나 곰곰이 생각해보면 대개의 경우, 이유는 하나다. 사진에 '담고자 했던 주제'가 드러나지 않았기 때문이다.

우리는 아름다운 풍경, 재미있거나 기발한 장면, 기억하고 싶은 크고 작은 순간들을 남기기 위해 사진을 찍는다. 이때 무엇을 강조하고 싶은지가 관건이다. 아름다운 풍경에 반해 사진을 찍는다면 그중에서도 특히 무엇 때문에 사진을 찍고 싶어졌는지 먼저 생각하고, 바로 그 부분이 돋보이도록 초점을 맞추면 된다.

파리의 에펠탑, 런던London의 런던아이, 샌프란시스코San Francisco의 금문교 등 뚜렷한 상징물이 아닌 이상 시간이 흐르면 사진 속 장소도 어디가 어디인지 구분하기 어렵다. 기껏 덴마크까지 날아가 아름다운 공원을 찍어왔더니 친구가 대뜸 "일산 호수공원에는 언제 다녀왔냐?"고 되묻는다면 얼마나 속상할까? 그렇게 의도한 사진이라면 모를까, 덴마크의 공원을 아름답게 느꼈던 진짜 이유를 찾아야 한다.

한번은 지인이 여행에서 찍은 사진을 몇 장 인화해 가져온 적이 있다. 그는 집에다 걸어놓고 싶어 사진을 크게 인화했다며 비슷한 사진 두 장을 내게 건넸다. 하나는 넓은 화각의 풍경 사진이었고, 다른 하나는 같은 사진의 한 부분을 확대해 보정한 것이었다.

그는 인화하기 전 사진작가에게 살짝 보정을 부탁했는데, 아무리 봐도 원본이 더 마음에 든다며 사람들에게 의견을 구하고 있었다. 내가 두 번째, 즉 사진작가가 보정한 사진을 선택함과 동시에 그의 얼굴빛은 어두워졌다. 그리고 다른 사람들도 다 같은 선택을 했다며 실망했다. 당연한 결과였다. 원본은 화각이 너무 넓어 사진의 의도가 드러나지 않은 반면 불필요한 풍경을 잘라낸 보정 사진은 주제가 확실히 돋보였다. 역시 주제가 문제였다.

기억하고 싶은 순간들을 찍은 사진은 어떨까. 어쩌면 이런 류의 사진이야말로 '그때는 괜찮았는데 집에 와서 보니 이상한 사진'의 대부분일지도 모른다. 이럴 때는 사실 풍경보다는 당시의 정서를 찍었다고 하는 게 맞다. 피사체, 즉 '찍을 대상'을 통해 담고 싶은 이야기나 의미가 있었다는 이야기다.

순정만화를 좋아했던 나는 여전히 분홍색에 열광하는 로맨티스

트다. 그래서 매년 벚꽃이 피는 계절이면 일본으로 여행을 떠난다. 다채로운 분홍빛 향연의 벚꽃잎이 날리고, 벚꽃 터널로 하늘이 뒤덮이는 교토京都는 그 자체가 순정만화의 배경이다. 사진을 찍으면서 가장 행복한 순간을 꼽자면 바로 그때다. 많은 사람들이 나의 벚꽃 사진을 보며 비현실적일 정도로 아름답다고 감탄했다. 당시의 내 느낌과 정서를 담아 벚꽃의 아름다움을 표현하기 위해 노력한 결과다.

결국 자신이 사진에 담고 싶은 게 무엇인지를 분명히 들여다봐야 한다. 사진을 찍고 싶을 때 무작정 셔터를 누르는 대신 먼저 어떤 느낌을 담고 싶은지 스스로에게 질문을 던져보자. 어떤 모습을 찍고 싶은지, 어떤 느낌을 담고 싶은지 고민했던 사진을 보며 언젠가 이렇게 말하고 있을지도 모른다.

'그때도 꽤 괜찮았는데, 다시 보니 진짜 예쁘잖아!'라고 말이다.

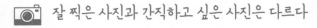 잘 찍은 사진과 간직하고 싶은 사진은 다르다

　여행지에서 판매하는 관광 엽서 속 사진만큼 사진을 잘 찍기는 쉽지 않다. 황금분할 법칙에 따라 알맞은 구도를 잡고, 빛을 충분히 활용해 흔들림 없이 반듯하게 찍은 엽서 사진은 아름답다. 그런데도 왜 우리는 굳이 직접 셔터를 누르는 걸까? 그런 사진은 흠 잡을 데 하나 없이 멋들어지지만 뭔가 부족하다. 나만의 감성이 녹아 있지 않아서다. 생각해보면, 우리가 간직하고 싶은 사진은 언제나 아름다운 여행지의 풍경에 나만의 감성이 입혀진 '감성사진'이었다.

　꼭 잘 찍은 사진이 아니어도, 감성이 담긴 사진은 간직하고 싶은 욕심을 불러일으킨다. 평범한 듯 보이는 사진 한 장에 가만히 있던 마음이 싱숭생숭해지기도, 설렘을 느끼기도 한다. 아무것도 아닌 것 같은데 왠지 '있어 보인다'. 감성사진만의 매력이다.

　감성사진이 매력적인 이유는 또 있다. 나도 찍을 수 있다는 점이다. 특별한 전문 지식이나 전문가용 카메라 장비가 없어도 누구나 쉽게 도전할 수 있다. 흔들리면 흔들린 대로, 초점이 맞지 않아도 그런대로 좋다. 짧은 글귀와 함께라면 사진은 더욱 근사해진다.

📷 감성사진을 돋보이게 만드는 히든카드, 빛

　사실 조금만 연습하면 사진은 생각보다 '잘' 찍을 수 있다. 오히려 나만의 시선, 나만의 감성이 느껴지는 사진을 찍는 일이 생각만큼 쉽지 않다. 그러나 어디에나 지름길은 있는 법, 몇 가지만 주의하면 나름대로 만족스러운 결과물을 얻을 수 있다.

　먼저 애정 어린 관찰이다. 아무리 사소한 사물이라도 사랑스러운 눈으로 관찰하면 숨겨진 매력이 보인다. '사랑하면 보이고, 보이고 나면 전과 같지 않으리라'는 말은 결코 허언이 아니다.

　다음은 가까이, 더 가까이 다가서는 것이다. 피사체에 최대한 가까이 다가서면 보이지 않던 부분도 드러난다.

　정리정돈은 기본이다. 피사체가 돋보이도록 시선을 방해하는 주변 물건들은 살짝 치워둔다. 단순함의 미학도 잊지 말자. 너무 많은 것을 담으려 하는 대신 하나에 집중하고, 부분을 관찰하는 게 핵심이다. 선택과 집중! 남길 것과 버릴 것을

엄격히 구분해, 최소한의 피사체만 남기고 나머지 요소들을 미련 없이 잘라내자.

감성사진을 찍는 기본을 알았다면 이제 숨겨둔 비법을 하나 살짝 공개한다. 바로 빛을 이용하는 방법이다. 빛은 사진을 빛나게 해주는 최고의 선물이다.

빛의 종류에는 순광, 사광, 측광, 반역광, 역광이 있다.

순광純光은 피사체를 정면에서 비추는 빛으로, 사진을 찍는 사람은 보통 태양을 등지고 서게 된다. 아래의 사진처럼 피사체의 고유한 색감을 살리고, 대체로 실패 없는 결과물을 볼 수 있다.

#순광을 이용해 찍은 사진

사광斜光은 피사체의 앞쪽 45도 방향에서 비추는 빛으로, 인물 사진을 찍기 좋다. 특히 태양빛이 너무 강하지 않은 날 이 빛을 이용하면 사진이 예쁘게 나온다. 측광測光은 피사체의 바로 옆쪽, 90도 방향에서 비추는 빛이다. 사물의 밝은 부분과 어두운 부분이 확실히 드러나 입체적인 표현이 가능하다.

반역광半逆光은 피사체 뒤쪽 45도에서 비추는 빛으로 '렘브란트의 빛Rembrandt light'이라는 별칭이 있다. '빛의 화가'라고 불렸던 렘브란트 판 레인Rembrandt. Van Rijn이 그림 그릴 때 많이 사용했던 표현법이기 때문이다. 특히 작은 소품이나 음식을 예쁘게 찍을 수 있다. 역광逆光은 피사체의 바로 뒤쪽에서 비추는 빛으로 '감성사진 좀 찍어봤다'는 이들이 특히 사랑한다. 해 질 무렵 황금빛으로 물든 세상에 사람들이 실루엣으로 비치는 사진이나 머리카락에 빛이 반사되어 한 올 한 올 빛나는 사진 등이 모두 이 역광을 이용해 촬영한 결과물이다. 다만 이런 느낌을 잘 표현하기 위해서는 적절한 간접조명이 필수라는 사실을 기억하자.

다음은 순서대로 사광, 측광, 반역광, 역광을 이용한 사진이다.

#사광을 이용해 찍은 사진

#측광을 이용해 찍은 사진

#반역광을 이용해 찍은 사진

#역광을 이용해 찍은 사진

사진이 달라지는
촬영 노하우

찍는 사람에 따라서, 카메라 종류에 따라서 사진은 달라진다.

자유자재로 카메라를 다루기 위해서는

무엇보다 부지런히 찍는 연습을 해야 한다.

여기서는 카메라 초보를 위한 기본 기능 위주로 설명한다.

이 정도만 알아도 사진은 충분히 아름다워진다.

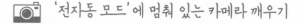 '전자동 모드'에 멈춰 있는 카메라 깨우기

촬영 환경을 설정하는 카메라 모드는 전자동 모드와 함께 P모드, A모드Av모드, T모드Tv모드, S모드, M모드 네 가지가 대표적이다.

전자동 모드는 말 그대로 촬영 환경이 자동으로 최적화되어 있어 사용자가 따로 값을 조절할 필요가 없는 상태다. 별다른 카메라 지식이 없어도 되므로, 초보자가 사용하기에 편리하다. 단 모든 기능이 카메라에 미리 설정된 값으로 촬영되므로, 어두운 곳에서 사진을 찍으면 원하지 않더라도 자동으로 플래시가 터지는 등 불편함이 있다.

P모드는 '프로그램 모드'로 피사체의 밝기에 맞춰 자동으로 촬영된다. 전자동 모드와 거의 같지만, 상황에 따라 사용자가 조리개 값과 셔터 속도 조절을 제외한 나머지 기능들을 조절할 수 있다. 예를 들어 어두운 곳에서 사진 찍을 때, 전자동 모드에서와는 달리 P모드에서는 미리 '플래시 발광 금지'를 설정할 수 있다. 이외에도 필요에 따라 노출, ISO 감도, 화이트밸런스White balance 등의 설정을 바꿀 수 있다.

A모드는 '조리개 우선 모드'로, 사용자가 렌즈에 통과하는 빛의

카메라 모드의 종류

#전자동모드

#P모드

#A모드(AV모드)

#T모드(TV모드, S모드)

#M모드

양을 조절하는 장치인 조리개 값을 설정해 초점 범위의 심도를 결정할 수 있다. 조리개 값을 낮게 설정해 조리개를 개방할수록 많은 빛을 받게 되고, 그만큼 사진이 밝아진다. 반대로 조리개를 닫을수록 사진은 어두워진다. 일반적으로 가장 많이 사용하는 모드이며, 풍경이나 정지해 있는 인물을 촬영할 때 이용한다.

T모드는 '셔터 속도 우선 모드'로 사용자가 셔터 속도값을 설정할 수 있다. 주로 강아지나 고양이, 뛰어 다니는 아이들, 달리는 자동차 등 움직이는 피사체를 찍을 때 사용한다. 여행 중 달리는 버스 안에서 보는 창밖의 풍경이나 강물을 흐르듯 혹은 정지해 있는 듯 표현할 수 있다. 어두운 밤 도로를 달리는 자동차의 궤적 등도 재미있게 표현할 수 있다.

마지막으로 M모드는 '매뉴얼 모드'로, 조리개 값과 셔터 속도값을 전부 사용자가 설정하는 수동 모드이다. M모드로 원하는 사진을 찍으려면 조리개와 셔터 속도의 관계를 충분히 이해하고, 노출과 심도를 자유자재로 다룰 수 있어야 한다. 재빠르게 조작하기 힘드므로 빛의 양이나 방향이 수시로 달라질 때나 순간의 장면을 잡아내야 할 때는 촬영이 어려운 게 단점이다. 그러나 찍는 사람이 사진에 담고자 하는 느낌을 가장 가깝게 표현할 수 있다.

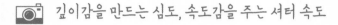 깊이감을 만드는 심도, 속도감을 주는 셔터 속도

초점이 맞은 사물은 또렷하게, 초점과 먼 곳은 반대로 흐릿하게 표현된 사진을 본 적 있는가? 아웃포커싱 Out of focus 효과를 준 사진이다. 이런 사진이 낯설지 않다면 심도도 쉽게 이해할 수 있다. 심도란 초점이 맞는 공간의 범위다. 따라서 초점이 하나에만 집중돼 아웃포커싱이 잘된 사진이면 '심도가 얕다', 전체적으로 뚜렷한 사진이면 '심도가 깊다'고 표현한다.

심도는 조리개로 조절하는데 조리개 값이 작을수록(F1.0, F2.8, F3.5~) 심도는 얕아지고, 조리개 값이 커질수록(~F32) 깊어진다. 주로 하나의 사물을 강조하고 싶을 때 심도를 얕게 한다.

다음의 사진은 비슷한 장소에서 각각 심도를 얕게, 깊게 찍은 것이다. 심도가 얕은 윗 사진에서는 앞쪽의 잔디가 강조된 반면 아래 사진에서는 전체적인 풍광이 잘 드러난다.

셔터 속도값은 말 그대로 '사진이 찍히는 빠르기'로, 일상에서는 아이, 반려동물과 같이 주로 움직이는 피사체를 찍을 때 움직이는 차 안에서 사진을 찍을 때 사용한다. 속도값이 높으면 움직이는 피사체도 멈춰 있는 듯 선명하게 찍히고, 낮으면 움직임의 흔적이 사

#심도가 얕은 사진

#심도가 깊은 사진

진에 그대로 드러난다.

셔터 속도값은 빛의 양에도 영향을 받는다. 빛이 적을수록 사진이 흔들릴 확률이 크다. 따라서 빛이 부족한 야간에 선명한 사진을 얻고 싶다면 반드시 삼각대를 이용해야 한다. 두 가지 값은 A모드와 P모드 각각, 또 M모드에서 함께 카메라의 다이얼이나 버튼을 돌려 설정할 수 있다.

📷 눈부시도록 하얗게 혹은 밤하늘처럼 새까맣게… 노출의 힘!

홋카이도北海道의 새하얗고 아름다운 설국을 카메라에 담았는데, 사진은 어두운 회색빛 거무튀튀한 눈밭으로 찍혔던 기억이 있다. 눈동자만 빼고 온몸이 새까만 고양이가 예뻐 찍었는데, 사진 속에는 희멀건 고양이만 남았던 적도 있다. 노출이 문제였다.

노출은 카메라에 들어오는 빛의 양으로, 카메라가 밝은 부분과 어두운 부분의 광량光量을 측정해 보여주는 밝기를 말한다. 그래서 노출의 정도를 '밝기'라고도 한다. 일반적으로 사진을 찍을 때는 상

황에 맞는 '적정 밝기(적정 노출)'가 있는데, 어두운 피사체는 그보다 '어둡게(어두운 밝기)', 밝은 피사체는 '밝게(밝은 밝기)' 찍어야 본연의 색감이 표현된다. 눈부시게 하얀 설원을 찍을 때는 평소보다 밝게, 까만 고양이는 어둡게 찍어야 사진이 내 눈에 보이는 대로 나온다는 의미다.

거의 모든 카메라에 노출계가 있다. 보통 숫자가 나열된 수직선으로 표현된다. 일반적으로 정중앙의 숫자 0을 기준으로 오른쪽 (+)으로 갈수록 '밝다', 왼쪽 (-)으로 갈수록 '어둡다'는 표현이다(니콘 카메라의 경우 방향이 반대다). 다이얼이나 버튼으로 (+) 숫자를 높일수록 사진이 실제 눈으로 보는 것보다 밝게 나오는 '노출 과다' 상태, (-) 숫자를 높일수록 실제 눈으로 보는 것보다 사진이 어두워지는 '노출 부족' 상태가 된다. 실제 눈으로 보는 것과 같이 나온 경우를 '적정 노출'이라고 한다.

한 가지 팁! '인물사진 좀 찍는다'는 칭찬을 듣고 싶다면, 그러니까 여행 중 친구를 예쁘게 찍어주고 싶을 때도 노출이 답이다. 적당한 '노출 과다' 상태로 인물을 촬영하면 피부 톤이 화사하게 표현된다. 보정도 따로 필요 없을 정도로, 원본 자체가 아름다운 사진이 되는 것이다.

#'노출 부족'으로 찍은 사진

#'노출 과다'로 찍은 사진

📷 때로는 휴대폰 하나만 들고 훌쩍 떠나도 충분해

휴대폰은 아무래도 무거운 카메라보다 훨씬 기동성이 좋다. 특히 요즘 나오는 휴대폰은 성능이 매우 훌륭해 사진 찍기에 무리가 없다. 물론 사진을 크게 인화해 걸어두고 싶다면 또 다른 문제이지만, 그게 아니라면 휴대폰으로도 얼마든지 멋진 사진을 찍을 수 있다. 실제로 최근에는 휴대폰으로만 사진을 찍는 사진작가도 점점 늘고 있는 추세다.

그중에서도 스마트폰은 '터치'로 모든 기능을 관리한다는 특성이 있다. 사진을 찍을 때도 마찬가지다. 먼저 카메라 어플리케이션을 실행한 후 원하는 피사체를 향해 구도를 맞춘다. 구도가 적절히 맞았다고 생각되면 화면상의 셔터 단추를 터치한다.

이 카메라가 일반 카메라와 다른 점이 있다면 사진 찍을 때 세로 앵글이 기본이라는 점이다. 그래서 따로 의식하지 않으면 세로 앵글 사진만 찍게 된다. 그러나 넓은 풍경 등은 가로 앵글로 찍어야 피사체가 더 돋보인다. 사람들이 많은 거리에서는 휴대폰을 높이 올려들고 위에서 아래 방향으로 내려보는 하이 앵글High angle로 촬영하면 좀 더 북적북적하고 현장감 있는 결과물을 얻을 수 있다.

고층건물 전체를 나오게 하고 싶을 때는 휴대폰을 땅바닥 가까이로 낮게 들고 찍으면 좋다. 이를 로우 앵글Low angle이라고 하는데, 건물 전체가 나올 뿐 아니라 원근감이 생겨 사진에 생동감을 준다.

구도를 잡았다면 다음은 초점을 맞출 차례다. 카메라 화면 속 피사체 부분을 손으로 가볍게 터치하면, 네모난 형태로 '터치 포커스Touch focus'가 나타난다. 이를 조정해 초점이 또렷하게 맞춰졌다고 판단되면 셔터를 눌러 사진을 찍으면 된다. 굳이 터치 포커스를 건드리지 않아도 셔터를 누르면 초점이 자동으로 조정되지만, 다른 곳에 맞춰질 수도 있으므로 가능한 한 직접 설정하는 게 좋다.

또 휴대폰으로 사진을 찍을 때도 노출을 활용하면 더 훌륭한 결과를 얻을 수 있다. 터치 포커스가 나타난 상태에서 화면을 위아래로 움직이면 밝기를 조절할 수 있는 막대가 나타난다. 그 막대를 아래위로 조정하면 사진을 더 밝거나 어둡게 만들 수 있다.

📷 아마추어 사진가를 위한 사소한 조언들

누구나 알고 있지만 깜빡하고 놓치면 돌이킬 수 없는 상황이 있다. 배터리를 충전하지 않고, 혹은 아예 챙기지 않고 여행을 출발했을 때다. 카메라에는 배터리가 필수다. 특히 휴대폰은 사진을 찍을 때 배터리 소모가 평소보다 훨씬 빠르다. 게다가 배터리 잔량이 적으면 카메라가 아예 켜지지 않는 경우도 있으므로 반드시 배터리가 충분한지 미리 확인하자.

렌즈가 잘 닦이는 수건도 하나쯤 준비하는 게 좋다. 손으로 계속 만지게 되는 물건인 만큼 수시로 렌즈를 닦아줘야 깨끗한 사진을 찍을 수 있기 때문이다.

떠나기 전 휴대폰의 내장메모리가 얼마나 남았는지도 미리 확인해야 한다. 디지털카메라용 외장메모리카드도 여분으로 한두 개 더 준비하면 좋다. 평소보다 사진을 많이 찍게 되는 여행에서, 용량이 부족하거나 메모리카드를 잃어버려 사진을 더 찍을 수 없는 때만큼 당황스러운 상황이 또 있을까.

마지막으로 휴대폰으로 사진 찍을 때 색감 보정 등을 위해 어플리케이션을 사용하는 경우가 있다. 그러나 촬영은 내장된 기본 카메라를 쓰는 편이 좋다. 어플리케이션을 사용하면 사진이 자동으로 작게 변환되어 저장되는 경우가 많기 때문이다. 사진을 인화하거나 책으로 만들려면 해상도가 높을수록 좋다. 보정은 나중의 문제다.

여행지의 풍경,
음식 그리고 사람

사진은 '이미지로 풀어내는 여행담'인 만큼
여행자의 경험과 감성이 고스란히 느껴지도록 찍어야 한다.
무엇보다 현장감이 느껴져야 한다.
현장감이 없는 여행사진은 매력 없다.
태국 카오산 로드의 열기, 인도 라다크의 비현실적인 풍경 등을
그대로 남기고 싶다면, 사진에 여행을 '담아야' 한다.
부분이 아닌 전체를 보라는 의미다.

📷 현장감이 느껴지는 풍경 사진

태국 카오산 로드Khaosan road의 열기를 담고 싶다면 팟타이 포장마차뿐 아니라 포장마차들이 늘어선 거리 전체를 찍어야 한다. 아지랑이가 피어오르는 아스팔트 길부터 그 도로 위를 오가는 수많은 여행자와 상인들, 태국어와 영어가 뒤엉킨 거리의 간판들, 거리한편에 한갓지게 늘어져 낮잠을 청하는 커다란 개까지. 앵글을 높이 들고서 그 거리의 열기와 분위기를 모두 담아야 한다.

앞에서 이야기한 것처럼 사진은 빛의 역할이 9할이다. 특히 사진이 아름다워지는 시간이 있다. 그러므로 예쁜 풍경 사진을 찍고 싶다면 시간대를 반드시 염두에 둬야 한다. 시간대별로 빛이 비춰오는 방향을 잘 생각한다면 만족스러운 결과물을 얻을 수 있다.

다음으로 구도를 고려해야 한다. 풍경 사진에 주로 사용되는 구도는 피사체를 중심으로 세 개의 포인트를 삼각형 모양으로 연결하는 삼각형 구도, 화면을 대각선으로 나눠 표현하는 대각선 구도, 피사체를 데칼코마니처럼 대칭이 되도록 배치하는 대칭 구도, 가로세로를 각각 3등분해 생기는 교차점에 주요 피사체를 배치하는 3분할 구도, 이 4가지 구도를 적절히 이용하는 복합 구도 등이다.

삼각형 구도는 무게중심이 아래에 있는 만큼 사진에 안정감을 주고, 대각선 구도는 강한 힘을 느끼게 한다. 그중 3분할 구도는 안정감 있으면서도 사진이 지루해지지 않도록 막기 때문에 풍경 사진 뿐만 아니라 다양한 주제의 사진에 광범위하게 사용될 만큼 유용하다.

사진의 거장이라 불리는 스티브 맥커리Steve McCurry는 3분할 구도를 포함한 아홉 가지 '사진 구도 팁'을 제시했다. 이 팁을 활용하면, 일상생활 속 풍경도 아름답게 찍을 수 있다.

스티브 맥커리의 사진 구도 팁

• 3분할 구도	가로세로를 각각 세 부분으로 나눠 선이 겹치는 부분에 중심 피사체를 둔다.
• 가이드라인 쓰기	꼭짓점을 잡아, 그쪽으로 시선이 자연스럽게 흐르도록 찍는다.
• 대각선 구도 만들기	대각선 구도의 역동적인 힘을 이용한다.
• 창틀로 균형 맞추기	창틀과 문틀의 원, 사각형 모양을 활용한다.
• 배경의 대비 생각하기	피사체와 배경이 대조되는 부분을 찾는다.
• 프레임 채우기	피사체에 가까이 접근해 가능한 한 크게 담는다.
• 중요한 눈 찾기	인물의 두 눈 중 사진 전체의 인상을 결정짓는 한쪽 눈을 찾는다.
• 패턴 활용하기	패턴은 아름답지만, 패턴이 방해 받는 풍경은 더더욱 아름답다는 사실을 기억한다.
• 대칭 이용하기	눈을 편안하게 하는 대칭 구도를 이용한다.

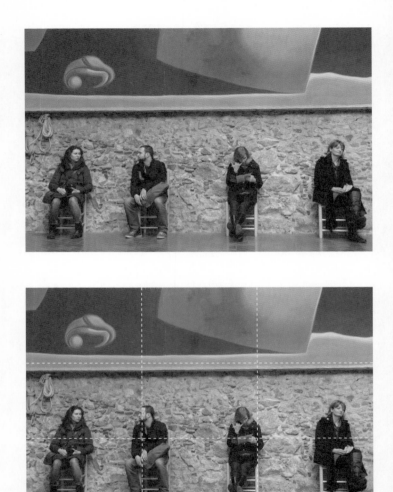

#'3분할 구도'를 적용한 사진

흐리고 비 오는 날의 감성사진

모처럼 떠나온 여행인데 날씨가 안 좋으면 괜스레 기분도 눅눅해진다. 기분을 다잡고 거리로 나서서 사진을 찍어봐도 흐린 하늘에 비마저 부슬부슬 내리니 영 마음에 차지 않는다. 어둡게 찍힌 거리는 매력적이지 않으니 말이다. 차라리 구름이 묵직하게 내려앉아 장엄한 풍경이라면 그 나름대로 훌륭한 사진이 되겠으나 이도 저도 아닌 우중충한 하늘 아래에서는 사진도 희끄무레하기만 하다.

우중충한 느낌 자체가 목적이 아니라면 피사체를 돋보이게 하는 방법이 하나 있다. 간단하다. 노출을 밝게 해 촬영하면 된다. 전체적으로 분위기가 화사해지니, 같은 배경이라도 피사체가 훨씬 더 눈에 잘 들어온다.

만약 장대비가 쏟아진다면 야외 촬영은 깔끔하게 포기하자. 대신 근처 카페로 들어가 창측에 자리를 잡고, 창문에 몽글몽글 맺히는 빗방울을 감성적으로 담아본다. 비 오는 날만 찍을 수 있는 사진이다.

📷 사진이 아름다워지는 시간, 매직 아워

사진이 아름다워지는 시간이 있다고 했다. 가장 대표적인 하나를 꼽자면 바로 매직 아워Magic hour다. 하늘이 깊은 청색, 즉 인디고 블루Indigo blue색으로 찍히는 마법 같은 시간대다. 기회는 일몰 후 단 20분뿐이다. 이 시간이 지나고 나면 하늘이 거짓말처럼 깜깜해지니 매직 아워라는 이름이 괜히 붙은 게 아니다. 맨눈으로는 보이지 않지만, 카메라로 하늘을 담으면 환상적인 색감으로 찍힌다. 때문에 '아는 사람만 안다'는 시간이다.

아름다운 사진을 찍고 싶다면 또 하나 놓치면 안 될 시간이 있다. 바로 골든 아워Golden hour다. 골든 아워는 해가 막 뜨고 난 후와 해가 다 지기 전의 시간대를 말한다. 일출과 일몰 시간대라고 보면 무리가 없다. 붉은빛과 오렌지빛이 섞여 나타나다 황금빛으로 변해가는 하늘의 모습이 아름답기 때문에 일부러 일출이나 일몰 명소를 찾아다니는 사람도 많다.

#매직 아워

#골든아워

📷 먹음직스럽게, 침이 고이는 음식 사진

여행을 떠났다면 음식 사진은 반드시 찍게 되는 사진 중 하나다. 사진을 잘 찍고 싶다면 먼저 음식의 특징을 관찰해야 한다. 한식인지 일식인지 양식인지, 면류인지 밥류인지, 스테이크인지 케이크인지 과일인지에 따라 예쁘게 찍는 방법이 각각 다르다. 다음으로는 어떤 그릇에 담겨 있는지를 봐야 한다. 접시, 보울Bowl, 냄비 등 그릇에 따라서 음식의 모양이 변하기 때문이다. 음식의 질감이나 부피감도 고려해야 한다. 최종 목표는 '먹음직스럽게'다.

납작한 접시에 담긴 스테이크 등은 위에서 아래로 내려보고 촬영하면 접시의 동그란 선, 바탕색과 대조되며 깔끔하게 표현된다. 두꺼운 수제 햄버거는 겹겹이 쌓아올린 충실한 내용물을 강조해야 한다. 때문에 측면에서 촬영하면 피사체의 부피감도 살고 재료의 싱싱함도 돋보인다.

색감이 아름다운 음료수는 색채감이 가장 돋보이는 방향으로 구도를 잡으면 좋다. 또 탱글탱글한 면류는 피사체의 45도 각도 옆에서 접근해 촬영하면 먹음직스러운 내용물과 그릇이 함께 드러나 좋은 사진이 된다.

더 나은 내일을 위한
패러다임을 제시하다!

매경출판㈜ 생각정거장

매일경제신문사 | 생각정거장

호메로스에서 케인스까지
99권으로 읽는 3,000년 세계사
비밀의 도서관

올리버 티얼 지음 / 18,000원

문학은 우리의 삶과
어떻게 이어지는가

〈허핑턴포스트〉의 인기 작가이자 많은 추종자들을
거느린 영국의 '문학 덕후' 교수 올리버 티얼은 누구
나 알고 있는 명작부터 지금까지 그 가치를 인정받
지 못했던 작품까지, 99권의 '숨겨진 이야기'를 통해
작품과 작품 사이의 흥미로운 연관성을 소개한다.

서로를 안아주는
따스한 위로와 공감
그림 같은 여자
그림 보는 남자
유경희 지음 / 13,500원

힘겨운 시간, 예술과 예술가,
그리고 그림이 당신에게 말을 걸어온다.

서양미술, 숨은 이야기 찾기
비밀의 미술관

최연욱 지음 / 15,000원

역사 속 위대한 미술가들의
짜릿한 뒷이야기를 훔쳐보다!

아시아 최대 재테크박람회 '서울머니쇼'
대한민국 재테크 神들이 말하는
주식과 부동산, 절세의 모든 것!

문재인 시대 재테크

2017 서울머니쇼 취재팀 지음 / 15,000원

문재인·트럼프 정권교체, 저금리 시대 탈피, 유럽의
재부상… 한 번도 경험치 못한 새로운 '돈의 패러다임'
이 오고 있다! 박합수, 고준석, 고종완, 강방천, 이채
원… 대한민국 재테크 神들이 말하는 '위기와 기회'

부동산 투자 100문 100답 실전편

나는 갭 투자로
300채 집주인이
되었다

박정수 지음 / 15,000원

전세난 틈타고 시작된 '갭투자'의 뜨거운 열기!
부동산 투자 고수의 전략을 실행하라! 2000
만원으로 시작, 아파트 300여 채 부자가 된 저
자, 누구도 말하지 않은 부동산 투자 성공 비법
100% 전격 공개한다.

HARVARD MUST READ SERIES
하버드 머스트 리드 시리즈

피터 드러커 외 지음 / 총 6권 / 80,000원 / 낱권 구매 가능

'기본으로 돌아가 최고를 만드는' 하버드 머스트 리드 시리즈. 〈하버드 비즈니스 리뷰(HBR)〉에서 꼭 읽어야 할 대가들의 글을 주제별로 10개씩 엄선한 컬렉션. 인적자원관리, 변화관리, 리더십, 자기경영, 경영전략이라는 5가지 주제의 경영학 이론, 사례와 그 핵심을 담았다.

| 경쟁력 있는 조직을 만드는 변화관리 |

| 조직의 능력을 끌어올리는 인적자원관리 |

| 조직의 성과를 이끌어내는 리더십 |

| 개인의 능력을 극대화하는 자기경영 |

| 차별화로 핵심역량을 높이는 경영전략 |

| 하버드 머스트 리드 에센셜 |

한정식이나 도시락처럼 화려한 반찬들이 한 상에 함께 올라오는 요리는 단품요리와 달리 상 전체를 찍는다. 위에서 아래를 내려보며 촬영하는 게 중요하다. 이때 심도를 깊게 둬야 한다. 하나의 음식에만 초점이 맞아 주변이 아웃포커스되지 않도록 하기 위해서다.

몇 가지 예로 음식 사진 찍는 법을 전부 설명할 수는 없다. 음식의 종류가 다양한 만큼 돋보이게 사진 찍는 방법도 여러 가지다. 음식의 특징을 가장 잘 살릴 수 있는 방법을 찾아 접근하면 된다. 사진을 촬영한답시고 음식점에서 주변에 피해가 가는 행동은 하지 않도록 특별히 조심하는 건 기본이다.

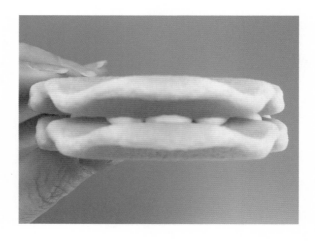

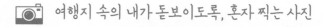 여행지 속의 내가 돋보이도록, 혼자 찍는 사진

꿈에 그리던 여행지에 서 있다면 '인증샷' 하나 정도 남기고 싶은 마음은 당연하다. 그런데 나 홀로 떠나온 여행자라면? 혼자서 마음에 드는 사진을 찍기는 아무래도 힘들다. 결국 혼자 카메라를 들고, '셀피', 일명 '셀카'를 찍지만 내 얼굴만 크게 나와 정작 여행지 풍경은 보이지도 않던 적, 아마 한번씩은 다들 경험했을 것이다.

이럴 때는 '연사', 즉 연속사진 촬영이 유리하다. 카메라를 연사 촬영 모드로 설정한 후 타이머를 맞춰두면 사진 찍을 준비는 완료된 셈이다.

내가 설 자리에 간이 피사체를 놓고 미리 사진을 찍어보는 것도 중요하다. 거리를 잘못 측정해 머리만 툭 잘려진, 무시무시한 사진을 간직하고 싶지는 않을 테니 말이다. '이 정도면 괜찮겠다'는 생각이 든다면 정식으로 타이머를 맞추고 미리 정해놓은 지점에 가서 포즈를 취한다.

타이머는 10초를 권한다. 그보다 짧으면 촬영 지점에 도착하기도 전에 찍혀 뒷모습 사진만 남을 확률이 크다. 포즈는 최대한 자연스럽게 잡는다. 어색하다면 천천히 걸어도 좋다. 포즈를 취하는

데 익숙하지 않은 편이라면 후자를 권한다.

연사로 찍으면 좋은 이유가 여기에 있다. 수많은 사진 중 한 장은 남길 수 있을 게 분명하다. 부끄럽다고? 부끄러움은 잠깐이고 사진은 영원하다! '인생샷'을 건질지도 모를 일이다.

책이 되는
사진 정리의 기술

여행 노트, 영수증, 여행사진까지….
여행에서 남겨진 것들은 모두 어디로 갔을까.
세상이 디지털화되면서 지난 여행의 흔적들은
대부분 컴퓨터 속에서 잠자고 있다.
그러나 정리되어 있어야 수시로 열어 보며
여행을 추억하고, 적재적소에 사용할 수 있다.

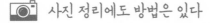 사진 정리에도 방법은 있다

원고에 비해 사진은 정리하는 데 노력과 시간이 더 필요하다. 원고보다 양이 많기 때문이다. 이 바쁜 세상에 사진을 일일이 정리할 시간이 어디 있냐고 반문할지도 모른다. 그러나 안타깝게도 정리가 없으면 콘텐츠도 없다는 게 진실이다. 콘텐츠는 정리되어 있지 않으면 결코 쓸 수 없기 때문이다. 사진 정리 방법은 개개인에 따라 천차만별이지만, 개인적으로 가장 효율적이고 간단하다고 생각하는 방법을 소개한다.

컴퓨터 혹은 외장하드에 정리할 때, 폴더명은 날짜가 아닌 나라(지역)명 우선으로 만든다. 다녀온 시기가 달라도 같은 지역 사진은 공유할 수 있기 때문이다. 또 카메라, 휴대폰 등 사진을 찍은 도구가 여러 개라도 같은 여행에서 찍은 사진이라면 하나의 폴더에 한꺼번에 저장한다.

이때 '이 사진은 꼭 표지에 써야지'처럼 특별히 선택한 사진이나 보정한 사진은 별도의 폴더를 만들어 보관한다. 무엇보다 사진 백업은 여행에서 돌아오자마자 해야 한다.

카메라 사진 백업 순서

❶ 카메라에 있는 사진을 컴퓨터 혹은 외장하드로 모두 옮긴다.

❷ 폴더명을 **나라명 우선**으로 바꾼다. [지역_날짜] 예) 일본_20160830

❸ **여행지역명**으로 **하위폴더**를 만든다. [지역_000] 예) 일본_오사카, 일본_교토

❹ 지역 내 **주제별**로 **하위폴더**를 만든다. [000] 예) 교토 벚꽃 모음, 키요미즈데라, 아라시야마

휴대폰 카메라 사진 백업 순서

❶ 휴대폰 카메라에 있는 사진을 컴퓨터 혹은 외장하드로 모두 옮긴다.

❷ 폴더명을 **나라명 우선**으로 바꾼다. [휴대폰_지역_날짜] 예) 휴대폰_일본_20160830

❸ **여행지역명**으로 **하위폴더**를 만든다. [지역_000] 예) 일본_오사카, 일본_교토

❹ 지역 내 **주제별**로 **하위폴더**를 만든다. [000] 예) 풍경 사진, 친구와, 표지용

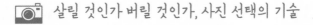 ## 살릴 것인가 버릴 것인가, 사진 선택의 기술

'비슷비슷한데 다 괜찮은 것 같아!', 'SNS에 무슨 사진을 올리지?' 다들 한 번쯤 해봤을 고민이다. 여러 사진 중 한 장을 고르기란 누구에게나 어렵다. 여행작가들도 언제나 고민하는 부분이다. 누군가는 너무 많은 양에 질려, 사진을 외장하드에 넣고는 몇 년이 지나도록 열어본 적조차 없다고 고백했다. 아예 선택할 상황을 만들지 않으려는 의도였다.

그러나 책을 만들기 위해선 어쩔 수 없다. 꼭 책을 만들지 않더라도 기억에 남는 사진 몇 장쯤은 인화해 기념하고 싶다. 어떻게 해야 할까? 무엇을 살리고 무엇을 버릴 것인가.

책을 만들 때는 비교적 선택의 기준이 뚜렷하다. 원고가 있기 때문이다. 아무리 근사한 사진이라도 원고의 주제와 맞지 않다면 의미가 없다. 아무리 아까워도 포기할 수 있어야 한다. 그래도 여전히 아쉬움이 남는다면 긴 여행을 떠난다 가정하고, 어떤 사진을 골라 간직할지 자문해본다. 최종적으로 남겨진 몇 장을 원고와 함께 보여주며 주변인들의 의견을 구해도 좋다. 다수의 의견이 같다면 미련 없이 그쪽으로 결정하면 된다.

 글을 가장 돋보이게 해줄 단 하나의 사진을 선택하겠다는 마음
만 잊지 말자. 수평이 전혀 맞지 않았더라도 피사체가 돋보이는 사
진이라면 빼야할 이유가 없다. 흔들린 사진이 오히려 더 감성을 자
극할 수도 있다. 정보성 기사에 투고할 사진이라면 어려울지도 모
르지만, 나만의 여행책이니까 가능한 선택이다.

 그렇게 원고에 맞는 사진을 다 고른 후에도 왠지 버리기 아쉬운
사진들이 남게 마련이다. 도저히 포기가 되지 않는 B컷들이 있다
면 작은 크기로 모아, 바둑판식으로 배열해서 뒤표지 등에 활용할
수도 있다.

MAKING A TRAVEL BOOK

다섯

여행 과
나만의 여행책

SECTION

1

나만의 여행책을 기획하다

아무리 기막힌 아이디어가 무릎을 탁 치고 들어와도
머릿속에만 갇혀 있다면 소용없는 일이다.
아름다운 한 편의 여행에세이도,
현지 정보가 빼곡한 여행 정보서도,
근사한 사진들로 가득한 여행사진집도
시작은 언제나 기획부터다.

기획 1단계
: 과정 스케치하기

어떤 일이든 흐름을 미리 간략하게 그려보면 일이 한결 수월해진다. 책 만들기 과정에서도 가장 먼저 할 일은 어떤 책을 만들지 구체적으로 계획하는 '출판 기획' 단계다. 기획을 할 때는 책의 형태, 주제, 목표 독자층, 출간 예정일, 발행 부수, 그리고 대략적인 목차 등을 구성한다.

다음으로 원고와 사진 등 책에 쓰일 내용을 정리한다. 여러 서점을 돌며 마음에 들었던 책을 토대로 기본적인 레이아웃Layout을 그리고, 본격적으로 내지, 즉 본문 디자인을 시작한다. 다음으로 표지 디자인을 한다.

디자인이 완성되면 출력해 오탈자 등을 꼼꼼히 확인한 후 반영한다. 완성됐다면 샘플책을 제작한다. 확인 후 문제가 없으면 본 인쇄에 들어가고, 따끈따끈한 나만의 책을 손에 쥐는 기쁨을 맛보면 된다. 정리하면 출판 기획 → 목차 구성 → 내용 정리 → 디자인 → 샘플 제작(가제본) → 본 인쇄의 순서다. 오로지 나를 위한 책 단 한 권만 만드는 게 목표라면 샘플 제작 단계에서 끝내면 된다.

기획 2단계
: '어떤 여행책을 만들까' 고민하기

앞에서 말했듯 나는 여행을 가면 항상 그 나라의 작은 서점이나 도서관을 찾아다닌다.

작은 서점에는 예쁜 그림책이나 귀여운 동화책들이 많다. 서로 다른 느낌의 그림들을 들여다보는 게 즐겁고, 언어를 몰라도 보고 즐기는 게 그리 어렵지 않아 더 좋다. 비슷한 성격의 책들로 채워진 서점을 둘러보며, 그 공간의 주인은 어떤 성격일까 내 마음대로 상상하는 재미는 무엇과도 비할 수 없다. 그래서 작은 서점을 방문하고 돌아온 날의 일기에는 여행이 주는 비현실적인 정서가 더욱 풍요롭게 그려지곤 한다.

도서관의 오래된 서고에서 먼지 쿰쿰한 책들을 조심스럽게 꺼내 보는 일도 가슴을 설레게 한다. 포르투갈의 코임브라대학교 도서관을 찾았을 때는 그 감동에 정말이지, 한참을 빠져나올 수 없었다.

고급스러운, 그러나 군더더기 하나 없이 깔끔한 디자인의 고서를 발견하면 머리카락이 쭈뼛 선다. 켜켜이 묻은 먼지와 빛바랜 종이들은 세월의 무게를 고스란히 안고 있다. 읽을 수 없는 문자로

가득찬 종이 속에 한 사람의 인생이 들어 있을 게 분명했다. 내용을 알 수 없는 답답함은 어쩐지 쉽게 닿을 수 없는 신비로움을 닮아 있었다. '이런 책을 만들고 싶다'고 막연히 했던 생각은 이후 여행에세이 《보통날의 여행》을 만드는 동기가 되었다.

만들고 싶은 모습이 구체적으로 떠오른다면 가장 좋다. 전체적인 책 모양, 본문과 표지 디자인 등에 나만의 느낌을 재미있게 살리는 것이다. 작아서 한 손에 잡히는 책이면 좋을지 혹은 커서 사진이 시원시원하게 배치된 책이면 좋을지 떠올려본다. 그도 아니면 크기는 작지만 도톰한 분량의 책이어도 좋겠다.

이때 평소 좋아했던 책을 롤모델Role model로 정하면 일이 수월해진다. 이를테면 한 수강생은 펼쳤을 때 그림이 입체적으로 튀어나오는 팝업북 형태의 여행책 만들기에 도전했다. 평소 팝업북을 좋아해서 모아왔기 때문이었다. 프랑스 자수를 가르치는 강사인 수강생은 A4지 반 장만한 크기에 자수 키트를 부록으로 넣은 책을 만들고 싶다고 했다. 어린이들에게 그림을 가르치는 선생님은 책 귀퉁이에 조금씩 변하는 그림을 그려넣어 종이를 넘기면 애니메이션이 되는 플립북을, 시를 좋아하는 초로의 수강생은 작고 길쭉한 시집 모양 책을 마음에 두고 기획을 시작했다.

이렇듯 세상에는 생각보다 많은 모양의 책이 존재한다. 아직도 커다랗고 두꺼운 책만 떠오른다면 당장 서점으로 출동하자. 평소에는 눈여겨보지 않아 몰랐던 다양한 모습의 책들을 만날 수 있다. 대형 서점도 좋지만 기왕이면 톡톡 튀는 아이디어가 살아 숨 쉬는 작은 독립 서점에 방문해보면 어떨까.

'이런 것도 책이야?' 싶을 만큼 기발한 아이디어로 무장한 책들을 만날 수 있는 '헬로인디북스'와 '스토리지북앤필름', 일반인이 직접 쓰고 만든 여행에세이로 가득한 '부비책방', '이런 그림책도 있었어?' 싶을 정도로 개성 넘치는 그림책들의 세상 '책방 피노키오' 등 작은 서점은 한 번의 방문으로도 책에 관한 영감을 얻기에 충분하다.

아이디어가 살아 숨 쉬는 독립 서점들

- **헬로인디북스**　hello-indiebooks.com
  서울시 마포구 동교로 46길 33
- **스토리지북앤필름**　blog.naver.com/jumpgyu
  서울시 용산구 용산동2가 1-701번지
- **부비책방**　blog.naver.com/buvibookshop
  서울시 구로구 경인로 661 푸르지오 오피스텔 103동 2101호
- **책방 피노키오**　blog.naver.com/pinokiobooks
  서울시 마포구 성미산로 194-11
- **퇴근길 책 한 잔**　blog.naver.com/booknpub
  서울시 마포구 숭문길 206 1층

기획 3단계
: 주제를 하나로 분명히 정하기

서점을 돌아다니며 충분히 영감을 얻고 나름의 롤모델도 정했다면 본격적으로 나만의 여행책을 기획할 차례다. 보통 출판사에서는 이 단계에서 분명한 주제와 목표 독자층을 정하고, 경쟁서를 분석해 어떤 식으로 이 책을 차별화시킬지 의논한다.

나만의 책을 만들 때는 자신이 책을 통해 하고 싶은 이야기, 전하고 싶은 말들, 남들과 공유하고 싶은 내용을 고민하면 좋다. 책을 만들고 싶다는 마음이 들었다면 분명 책을 통해 남들과 소통하고 싶었던 이야기가 있을 것이다. 개인마다 선호하는 여행의 스타일이 다르듯 하고 싶은 이야기도 모두 다르다.

여행 중 만난 사람들에 관심 있는 사람, 여행하며 겪은 사건에 대해 이야기하고 싶은 사람, 내면에서 끊임없이 일어나는 상념들을 정리하고 싶은 사람, 세상살이를 관찰하기 좋아하는 사람, 문화와 역사에 전율을 느끼는 사람, 정보 공유에 즐거움을 느끼는 사람 등….

풀어내고 싶은 나만의 이야기는 따로 있다. 주제는 이렇게 관심

사에서 출발된다. 관심이 많은 분야일수록 하고 싶은 이야기가 많고, 풀어놓을 이야기가 많으니 책으로 만들기도 시간문제다.

아이와 즐겁게 여행했던 시간을 책으로 만들고 싶다는 수강생이 있었다. 그녀의 아이는 어느새 훌쩍 커버려서, 이제는 엄마와 여행하기를 꺼린다고 했다. 책의 주제는 '품 속의 아이를 정서적으로 떠나보내는 엄마의 마음'이었다.

공원을 매우 좋아하는 누군가는 초록빛 공원을 주제로 사진집을 기획했다. 거창한 무용담보다 여행 중에 얻은 소소한 이야기에 더 관심이 많았던 나는 비슷한 정서를 가진 보통 사람들의 특별한 여행 이야기를 주제로 책을 만들었다.

책으로 만들 수 있는 주제는 무궁무진하고 다양하지만, 책 한 권에 들어갈 주제는 단 하나로 선정해야 한다. 넣고 싶은 주제가 많아질수록 본질에서 멀어진다.

'가제'를 지어보면 주제를 정하기가 좀 더 쉬워진다. 하나의 문장 혹은 몇 개의 단어만으로 내 책이 어떤 내용인지 표현해보자. 제목을 떠올리다 보면 말하고 싶거나 담고 싶은 이야기가 명확해진다. 제목이 단 한 줄로 책을 드러내듯 주제 역시 단 하나로 요약돼야 한다.

주제를 정하고 나면 비슷한 주제로 이미 출간된 책들이 있는지 살펴본다. 이를 경쟁서 분석이라고 하는데 '지피지기면 백전백승'이란 말을 떠올리면 이해하기 쉽다. 베스트셀러를 목표로 하라는 이야기가 아니다. 이미 출간된 책과 내가 만들 책의 어떤 점이 비슷하고 어떤 점이 다른 점인가를 비교하다 보면, 내 책을 차별화할 수 있는 지점이 발견된다. 강점을 살리면 나만의 개성이 충만해진다. 더불어 내가 하고 싶은 말을 어떤 방식으로 전달할지 정리하는 시간을 가질 수 있다.

기획 4단계
: 이야기를 확장하고 전체 그림 그리기

　주제를 정했다면 그 다음으로 어떤 방식으로 이야기를 전개할지
에 대해 생각한다. 사진들을 배치하고 그 밑에 생각을 각각 하나의
문장으로 표현할 수도, 글 위주의 에세이집으로 만들 수도 있다. 혹
은 글 없이 사진만 모아 사진집으로 엮을 수도 있다. 정보에 근사
한 사진을 더해 작은 잡지나 여행정보서 형식으로 만들어도 좋다.

　이렇게 본인이 가장 원하는 형태로 방향을 잡은 후에는 책이라
는 하나의 집을 얼기설기 설계한다. 원고, 사진, 그림 등 준비된 자
료를 정리하는 것이다. 주제에 부합되는 콘텐츠는 많을수록 유리
하다.

《보통날의 여행》은 여행하며 기록하기를 좋아하는 일반인들을 대상으로 했다. 여행을 하다 보면 기록하고 싶은 욕구가 생긴다. 그래서 그 어떤 때보다 부지런히 사진 찍고, 일기 쓰고 그림을 그렸지만 돌아오면 여행은 곧 희미해지고 말았다. 그런 여행을 아쉬워하는 삶이 반복되면서 무엇보다 나를 위해 필요한 책이었다.

내 여행 이야기는 하나뿐이지만 나와 비슷한 사람들이 하나씩 자신의 여행보따리를 풀어놓으면 어떨까 싶었다. 그렇게 글과 사진을 모으면 한 권의 책으로 엮기에 충분하리라 생각했다.

여행지에서 만난 사람들은 특히나 이런 나의 책 이야기에 매우 큰 관심을 보였다. 그들은 자신들도 원고를 기고하겠다며 적극적으로 나서기도 했고, 자신의 짧은 여행을 정리할 수 있을 거라면서 나오지도 않은 책 때문에 기뻐하기도 했다. 바로 그 지점이었다.

여행하면서 무언가 흔적을 남기고 싶어 하는 사람이라면 누구든 자신의 여행 이야기를 전할 수 있는 하나의 플랫폼을 만들기로 했다. SNS를 통해 원고 모집 광고를 내자 생각보다 많은 사람들이 자신들의 글을 보내왔다. '세상 모든 여행자'가 아니라 구체적으로 '기록을 통해 지난 여행을 정리하고 싶은 보통 사람들'을 대상으로 했기 때문이었다. 나만의 책을 만드는 가장 첫 번째 이유는 나의 정서와 여행을 사람들과 나누고 싶어서이다. 결국 목적에 충실하도록 목표 독자층을 정하면 된다는 뜻이다.

판매를 목적으로 하지 않는 책을 만들 때도, 목표 독자층을 구체적으로 정하면 좋은 이유는 또 있다. 하고 싶은 한 가지 이야기에 몰입할 수 있기 때문이다. 책을 만드는 일은 사실 '선택의 연속'이다. 무엇을 버리고 무엇을 취할지 고민된다면, 목표 독자층에게 들려주고 싶은 이야기인지 생각하고 맞을 경우에만 남기면 된다.

주제에 맞는 흐름을 꾸준히 유지하면 전달하고자 하는 메세지는 더욱 또렷해진다. 잡다한 내용들이 많아지면 많아질수록 내가 무엇을 말하고자 하는지는 알기 어려워질 뿐이다.

기획 6단계
: 책의 형태와 출간 일정 결정하기

다음으로 고민할 것은 책을 어떤 모양으로 만들고 싶은지(판형, 총면수), 몇 부 제작하고 싶은지(발행 부수), 대략적인 출간 예정일은 언제인지(인쇄 날짜) 등이다. 책의 형태를 미리 결정해야 하는 이유는 그에 따라서 전체 디자인의 흐름도 결정되기 때문이다. 확실히 정하지 않고 무작정 진행부터 하면, 이후 거의 모든 과정에서 우왕좌왕을 반복하다 결국 처음부터 다시 시작하게 되는 경우가 생긴다.

시간 낭비도 낭비지만, 그동안 열심히 해온 작업을 처음부터 다시 시작해야 한다는 피로감은 중도 포기를 부른다. 그러므로 '하다 보면 어떻게든 되겠지' 하는 마음 대신 기획 단계에서 원하는 책의 모습을 뚜렷하게 그려야 한다. 에세이, 사진집, 잡지, 그림책 등 어떤 형식으로 만들고 싶은지부터 구체적으로 책의 크기가 되는 판형, 두께가 되는 면수(페이지) 등을 결정하면 된다.

발행 부수, 즉 몇 권을 인쇄할지는 크게 중요한 부분은 아니니 원하는 만큼 정하면 되는데 비용이 걱정되어 결정을 미루지는 않도록 한다. 꿈은 클수록 좋다. 무엇보다 꿈을 크게 가질수록 결과물의 질이 달라진다. 나 혼자 보는 책을 만들 때와 독자들을 염두에 두고 책을 만들 때는 분명 마음가짐부터가 다르다. 대략적인 출간 일정을 정하는 가장 큰 이유는 나름의 마감 기한을 정하기 위해서다. 기한이 정해져 있지 않으면 무슨 일이든 흐지부지해지기 십상이다. 가급적 현실성 있게 일정을 잡되 지나치게 장기간이 되지 않도록 주의하자.

《보통날의 여행》은 여행에세이 시리즈물로 기획했다. 책의 크기는 언제 어디든 쉽게 가지고 다닐 수 있지만 너무 작지는 않아야 한다고 생각했다. 한 호흡에 읽기 좋고, 어디서나 두어 시간 미만으로 완독이 가능하도록 분량은 150페이지 전후로 구상했다.

대강 책의 형태를 정한 후에는 발행 부수를 결정했다. 처음 계획은 서점 판매 등을 생각해 500부 정도였다. 물론 후에 비용 차이가 크지 않다는 점을 알게 되어 1,000부로 최종 제작했지만 말이다.

출간 일정은 2014년 8월부터 본격적인 작업을 시작해 9월 중 인쇄를 목표로 했다. 그러나 당시만 해도 아무것도 몰랐기 때문에 이런저런 시행착오를 겪었고, 결국 책이 나온 것은 10월 중순이었다. 미리 준비하고 계획해도 책 만드는 일에 차질이 생길 수 있다는 사실을 바로 그때 알았다. 출간 일정을 미리 계획해두지 않았다면 내

보통날의 양삼 | 중라에어 매모 추가

만든 날짜: 2015. 7. 5.   수정한 날짜: 2016. 6. 27.

보통날의 여행 일정과 주제

1. 여행 그 순간의 기록 - 2014. 10/25
2. 여행 그 순간의 음악 - 2014. 12. 25
3. 여행 그 순간의 음식 - 2015. 3. 25
4. 내가 떠난 유럽 - 2015. 11. 25

5. <내가 만난 아시아> 예정 일정
: 2016. 9. 20. 인쇄 예정
: 2016. 9. 25. 발행 예정

보통날 연간 작업 계획(기획/편집/제작/품질 홍유진)
6.20   5호 원고 당선 발표
6.20~7.31 선정작 별 수정 사항 메모하기
8.1   메일링-각 저자에게 수정고 요청(수정고 마감일 8.10.) / 일러스트 발주
8.10   모니터 교정 작업 1차
8.15   일러스트 완료
8.20   모니터 교정 작업 2차 / 디자인 발주
8.30   디자인 1차 / 교정교열 대지작업 1차 / 보도자료 준비
9.7   교정교열 대지작업 2차 / 디자인 수정안 반영
9.10   교정교열 대지작업 3차
9.15   디자인 최종 / 보도자료 완료 후 전국 서점으로 메일링
9.20   인쇄 & 감리 / 한정판 발주
9.25   전국 서점 배포 완료
10.25 보통날 2주년 기념 북콘서트 행사

차기작 예정 주제와 예정일

6. 내가 만난 남미   2016. 3. 25.
7. 사랑할 때, 여기   2016. 6. 25.
8. 이별할 때, 여기   2016. 9. 25.
9. 여행 그 순간의 책 2016.12.25.
10. 여행 그 순간의 사랑 2017. 3. 25.
11. 여행 그 순간의 사랑 2017. 6. 25.
12. 기억의 유랑자, 서울   2017. 9. 25.
13. 기억의 유랑자, 교토   2017.12.25.
14. 기억의 유랑자, 세비아

#출간 일정 계획서

책은 훨씬 늦게 나왔거나 아직도 세상의 빛을 못 봤을지 모른다.

한 번도 해보지 않은 일이기 때문에 덜컥 겁이 날 수도 있다. 더군다나 책을 만들기 위해서는 비용이 반드시 지출되므로 그에 대한 두려움이 없을 수 없다. 그렇다고 결정을 미루는 건 좋은 방법이 아니다. 어쨌든 결정해야 할 사안들인 만큼 가능한 한 빨리 해

결하는 게 그나마 현명한 선택이다. 기획 내용과 실제 작업은 달라지기 마련이다. 그러나 혼자 만드는 책인 만큼 궤도 수정이 자유롭다. 뒷일을 미리 고민하는 대신 필요한 일들을 하나씩 해나가다 보면 어느새 걱정들이 별 문제가 아니었다는 사실을 알게 될 것이다.

기획 7단계
: 매혹적인 목차와 배면표 구성하기

책을 어떻게 만들지 구상했다면 지금부터는 실물로 태어나도록 구현할 차례다. 목차와 배면표가 그것을 가능하게 하는 첫 단추다. 주제가 일관된 흐름으로 드러나는 목차는 매혹적이다. 어떤 내용이 들어있는지 한눈에 드러나는 목차는 독자들의 마음을 흔들리게도, 외면하게도 한다.

목차를 만드는 기준은 주제, 기획의도, 의식의 흐름, 공간이나 시간의 흐름 등 매우 다양하므로 본인의 기준에 맞는 방식으로 작성한다. 《보통날의 여행》은 열다섯 개의 여행기로 구성됐는데, 목차를 정하려니 난감했다. 보통 시간의 흐름을 따른 여행기라면 날짜나 시간별로, 공간의 흐름을 따른 여행기라면 동선에 따라 목차를 정하게 된다. 그러나 각기 다른 여행자가 각기 다른 시선으로 쓴 열다섯 개의 원고들은 어떻게 배치해야 매력적일까? 결국 원고의 제목과 성격을 기준으로 삼았다. 먼저 인지도가 높거나 대중에게 인기 있는 여행지 이름이 제목에 포함되어 있는 원고를 분류했다. 다음으로 발랄한 에피소드인지 차분한 의식의 흐름인지 등 원고의 성격에 따라 다시 한 번 나눴다.

눈에 익은 여행지가 들어간 제목은 처음과 마지막 부분에 넣어 독자들의 호기심을 자극했고, 중간 부분은 독자들이 계속해서 흥미진진하게 읽어갈 수 있도록 원고의 성격이 겹치지 않게 적절히 배치하여 목차를 완성했다.

배면표는 완성한 목차를 가지고 본문을 어떤 순서로 배치할지를 기록하는 표이다. 배면표를 작성하면서 원고들을 각각 얼마만큼의 분량으로 넣어 전체를 구성할지 계획한다.

여행 전 준비 과정 중에 일어난 사건이 아무리 많더라도, 본격적인 여행 이야기보다 분량이 많으면 안 된다. 이렇듯 배면표를 대충이라도 작성하면 책의 전체적인 윤곽이 뚜렷해진다.

각각의 페이지에 어떤 글이나 사진을 넣을지 구성하는 '쪽 배열표'를 사용해도 좋다. 쪽 배열표는 책의 전제적인 레이아웃도 함께 그려볼 수 있다는 장점이 있다. 이런 과정을 통해 머릿속에만 있던 책에 관한 아이디어가 물리적인 틀을 가지게 된다.

책은 한 장 한 장 낱장으로 인쇄하는 것이 아니라 커다란 전지한 장에 8의 배수 단위로 배열하여 한꺼번에 인쇄하고, 실제 크기대로 자르는 과정을 거친다. 따라서 8이나 16의 배수로 면수를 맞추면 불필요한 종이의 낭비를 막을 수 있어 제작비가 절감된다. 이렇게 기획한 내용들을 모아 하나로 묶으면 기획 단계는 끝이다. 다음 차례는 '출간기획서'이다.

쪽 배열표

| 표지 | | 뒤표지 | 앞표지 | | | | | |

내지			머리말	머리말	목차	목차	1장 표제지	본문
		1	2	3	4	5	6	7
8	9	10	11	2장 표제지 12	본문 13	14	15	...
192	193	194	195	196	· 197	198	본문 끝 199	판권 200

기획 8단계 :
나만의 여행책 설계도, 출간기획서 작성하기

출간기획서! 이름은 제법 거창하지만 나만의 여행책을 만들기 위한 일종의 '설계도'라고 생각하면 된다. 출간기획서에 필요한 내용은 앞선 단계에서 정한 것들을 떠올리면 된다. 제목과 주제, 기획 의도, 저자 소개, 목표 독자층, 차별화 포인트, 예상 목차, 도서 정보 등이다. 출판사에 보내 상업출판을 하고 싶다면 여기에 내 책이 독자들에게 관심을 끌 수 있는 이유, 원고 진행 현황, 홍보 계획 등을 추가로 작성해 이 원고가 시중의 경쟁서와 얼마나 차별화되어 있으며 상품성은 얼마나 되는지 보여준다.

제목은 책의 내용이나 주제가 한눈에 드러나도록 짓는다. 기획 의도는 이 책을 통해 하고 싶은 이야기가 무엇인지, 왜 이 책을 만들게 되었는지 정리하는 부분이다. 《보통날의 여행》은 '보통 사람들'이 하는 '특별한 여행'을 이야기하고 싶어 만들었다. 여행이 언제나 엄청난 모험이나 나 자신을 찾는 철학적 메시지로 가득 차 있지는 않다. 또 여행작가들의 글은 유려하고 흥미진진하지만 때로는 너무 먼 이야기처럼 느껴진다.

이웃집 언니, 옆집 오빠가 들려주는 여행의 사소한 사건들과 생각으로 마치 그들과 함께 여행하듯 편안한 마음으로 읽는 책을 만들고 싶었다. 게다가 글을 읽는 이들 또한 직접 작가로 참여할 수 있는 자유로운 책이면 어떨까! 여행으로 소통하는 책을 만들고 싶다는 마음이 곧 기획의도가 되었다.

저자 소개는 본인이 원하는 대로 자유롭게, 목표 독자층과 차별화 포인트, 예상 목차는 앞에서 언급한 것과 같이 가능한 한 구체적으로 써본다.

SECTION

2

더 아름답게, 더 보기 좋게!
레이아웃과 디자인

기획한 책을 본격적으로 실물화시키는 작업이다.

실력있는 디자이너에게 일을 맡기면 맘에 쏙 드는 책이

탄생할지도 모르지만, 비용이 매우 비싸다.

나 홀로 못할 일도아니다.

기본적인 디자인의 흐름을 이해하고, 작업을 반복하다 보면

내 책이 어느새 '짠!' 하고 완성되어 있을 것이다.

디자인을 위해 꼭 필요한 레이아웃의 이해

책을 보다가 '이 책 유난히 좀 예쁜데' 하고 생각한 적 있는가? 누구나 아름다운 것에 반한다. 책을 만드는 입장인 우리가 지금부터 고민해야 할 부분이다.

요즘 같은 세상에 굳이 종이책을 만들겠다고 나선 우리 자신부터 돌아보자. 책 읽는 사람은 점점 줄어들고, 출판 산업도 기울어간다는 이 시점에 책을 만들고 싶은 이유가 대관절 무엇이란 말인가. 그러나 생각해보면, 요즘 같은 디지털 시대에도 여전히 전자책보다 종이책 비중이 크다. 아이로니컬하다.

바로 감성 때문이다. 종이 책 특유의 아날로그 감성은 독자들로 하여금 감동을 불러일으킨다. 감성은 논리로 이해할 수 있는 게 아니다. 그런 책의 매력을 가장 돋보이게 만들어 줄 매개체가 레이아웃이다.

레이아웃이란 디자인이나 편집에서 문자나 그림, 사진 등의 각 요소를 효과적으로 배열하는 일이다. 우리가 해야 할 작업을 단순하게 말하면 글, 사진, 그림 등 여러 내용을 보기 좋게 배열하는 일이다. '예쁘다' 혹은 '정돈됐다'는 느낌을 주고 싶다면 몇 가지 기본적인 것들만 지켜주면 된다.

먼저 책의 주제를 분명히 인지하고 가장 중요한 것부터 차례로 배치해야 한다. 여백을 어떻게 사용할 것인지 규칙을 정해, 책 전체가 일관성 있는 구조를 갖도록 한다. 예를 들어 에세이《보통의 나날들》은 위아래 여백을 많이 설정해 레이아웃을 시원시원하게 보이도록 구성했다. 동시에 그 안에서는 지루하지 않도록 변화도 필요하다. 기본 틀이 정해졌다면 일러스트나 아이콘, 말풍선을 활용해 장식하거나 사진을 다채로운 형식으로 배열하면 된다.

책의 성격에 맞는 서체를 찾는 작업도 빠질 수 없다. 복잡하게 구성된 책에 화려한 서체를 사용하면 가독성을 해치는 경우도 있다. 영어나 일본어 등의 외국 문자는 그 자체로 디자인적 요소가 충분하다.

레이아웃에 관해 자세히 알고 싶다면 디자이너 베스 톤드로 Beth Tondreau의 책《레이아웃 불변의 법칙 100가지》를 추천한다. 기본적인 레이아웃부터 세련된 구성을 위한 팁까지 일목요연하게 정리되어 있을 뿐만 아니라 다양한 사례를 사진으로 직접 비교분석해주므로 도움을 받을 수 있다.

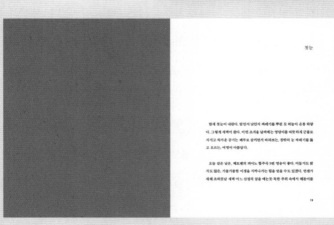

#《보통의 나날들》 레이아웃

직접 디자인이라니, 진짜 가능한 걸까?

책을 디자인할 때 가장 유용한 프로그램은 뭐니뭐니 해도 '인디자인Indesign'이다. 인디자인은 어도비Adobe 사의 출판 편집 전문 프로그램으로, 유료이긴 하지만 책을 만드는 전용 프로그램인 만큼 책을 디자인하는 데 필요한 매우 다양한 기능의 툴을 제공한다. '전문'이라는 단어에서 멈칫할 수 있지만 그렇게까지 겁먹지 않아도 된다. 기본 기능만 알고 있어도 웬만한 책 하나쯤은 뚝딱 만들 수 있는 '효자 프로그램'이기 때문이다.

개인적으로는 인디자인을 파워포인트Powerpoint 프로그램에 비유하곤 한다. 사진과 글을 화면에 배열하는 메커니즘에 비슷한 점이 있기 때문이다. 물론 전문가 모드로 가면 또 다르겠지만, 나만의 여행책을 만들 때는 새 문서를 만들고, 사진을 배치하는 정도의 기본만 알아도 충분하다.

인터넷에 무료 인디자인 강좌 동영상이나 사용법이 수없이 제공되는 것도 다 이런 이유에서다. 어려운 프로그램이라면 사용법을 만들려는 시도조차 안 했을 것이다. 몇 가지의 간단한 기능만 익혀 두자. 책 만들기는 물론이고 명함을 만들거나 팸플릿을 제작할 때

등 다방면으로 두고두고 유용하게 써먹을 수 있다.

책을 만들기 위해 꼭 필요한 기본 기능은 네 가지다. 본문과 표지를 디자인하기 위한 시작인 '새 문서 만들기'와 '저장하기', 그림을 삽입하는 '이미지 넣기', 글을 배열하는 공간을 만드는 '텍스트 넣기', 마지막으로 'PDF로 저장하기'가 그것이다.

새 문서 만들기로 원하는 크기의 문서를 만들어 필요한 자리에 그림과 글을 배열한 후 PDF로 인쇄 파일을 저장하면 되는데, PDF 파일로 만들어야 인쇄가 가능하기 때문이다. 이외에도 '자동으로 페이지 번호 매기기', 각 페이지에 공통적으로 적용될 요소를 지정하는 '마스터 페이지 만들기'의 등 편리한 기능도 많다.

인디자인을 다룰 줄 모른다고 해도 크게 걱정할 필요는 없다. 복잡한 디자인이 아니라면 한글 프로그램, MS워드, 파워포인트, 일러스트레이터Illustrator, 키노트Keynote, 포토샵Photoshop 중 하나를 선택해 디자인할 수도 있다. 이중 본인이 가장 쉽게 다룰 수 있는 프로그램을 고르면 된다. 손에 잘 익은 프로그램이어야 원하는 모양에 가까운 디자인을 구현하는 데 어려움이 적다.

단, 앞에서 말했듯 이렇게 만든 파일을 인쇄해 책으로 만들기 위해서는 반드시 PDF 파일로 저장이 가능해야 한다. 오래된 버전이라면 PDF 저장을 지원하지 않을 수 있으니 디자인하기 전에 꼭 미리 확인하도록 한다.

인디자인 기초 마스터하기

인디자인 프로그램은 기본적으로 유료이나 어도비 사이트를 통해 체험판을 이용해 볼 수 있다. 또한 월 2만 원대의 이용료를 내면 정식판을 사용할 수 있다(www.adobe. com/kr/creativecloud/catalog/desktop.html).

인디자인 프로그램은 기초적인 버튼부터 하나하나 알아야 이해하기 쉬우므로, 이 책에서는 그 과정을 설명하지 않았다. 대신 다음과 같은 도서를 추천한다.

· 《인디자인 강의 노트》, CA 편집부, 퓨처미디어, 2016
· 《편집 디자인 강의+인디자인》, 황지완, 한빛미디어, 2014
· 《인디자인 CS6 무작정 따라하기》, 이민기, 길벗 , 2013

본문 디자인, 어떻게 하면 좋을까?

본격적인 디자인을 위해서는 먼저 책의 일반적인 구성을 알 필요가 있다. 책은 크게 표지와 본문으로 나뉘고, 본문은 다시 '제목-프롤로그-저자 소개-목차-본문-에필로그-판권版權, 간기면'의 순서로 이루어진다. 프롤로그와 에필로그는 '작가의 말'로, 생략하거나 둘 중 하나만 사용할 수 있다. 판권은 책의 발행인이나 발행 날짜, 가격 등을 표시하는 면이다. 동화책이나 그림책에는 본문만 들어가는 경우도 있으니 만들고자 하는 책의 성격에 따라 순서를 구성하면 된다.

먼저 구체적인 판형을 확정해야 한다. 판형이란 책의 크기로, 가로와 세로 크기를 '128×188㎜'와 같이 숫자로 기입한다. 예를 들어 세계의 아름다운 공원의 모습을 담은 사진집은 판형이 크고 시원시원해야 돋보인다. 그러나 역발상은 어떨까? 손바닥만 한 문고판 크기라면? 얼핏 듣고는 고개를 절레절레 흔들지도 모르지만 작은 사진을 보기 위해서는 가까이 다가가는 수고를 피할 수 없으므로, 오히려 책에 집중하게 할지도 모른다. 게다가 휴대하기 편하기 때문에 언제 어디든 가지고 다닐 수 있어서 좋다.

내가 가진 책 중에 미니 동화책 세트가 있다. 동화책은 아이들이 많이 읽기 때문에 크게 만드는 경우가 많은데, 이 세트는 오히려 작은 탓에 눈길이 갔다. 이렇듯 정답은 하나가 아니다. 어떤 디자인이든 주제와 콘셉트가 돋보이고, 작가의 의도가 읽힌다면 된다. 또한 컬러로 작업할지 흑백으로 작업할지도 결정해야 한다. 사진이 많이 들어가는 여행책의 특성상 컬러로 작업하는 경우가 많으나 글 위주의 책이라면 한 가지 색만 사용하는 것도 고려해볼 수 있다. 인쇄비를 절감하는 방법이기 때문이다.

다시 한 번 강조하지만 디자인은 반드시 책의 주제를 따라야 한다. 책은 엽서가 아니다. 기본적으로 책은 엽서처럼 한 장으로 끝나는 게 아니라 연속성을 가진다. 책을 읽는 사람들은 다음 장에 대한 호기심이 생겨야 계속해서 책장을 넘긴다. 때문에 각 내용들이 연결성이 있도록 디자인해야 한다. 여백, 즉 비어있는 공간을 어떤 방식으로 얼마나 만들지, 사진은 얼마나 크게 넣을지, 색은 어떤 식으로 사용할지 고민해 전체적인 흐름이 매끄럽게 이어지도록 신경 쓴다.

이때 기획 단계에서 만들었던 배면표 혹은 쪽 배열표를 참고하면 편하다. 미리 만들어두었던 순서대로 적절히 콘텐츠를 배치하

자. 무엇보다 일단 직접 디자인해보는 일이 중요하다. 상상만으로는 실제 결과물을 얻을 수 없다. 막상 디자인 작업에 들어가면 생각지도 못한 문제점이 발견되기도 한다. 기발하다고 생각했던 레이아웃을 막상 구성하니 조잡해 보일 수도, 여백의 미를 강조한다고 디자인했는데 미완성처럼 보일 수도 있으니 말이다.

판형은 어떻게 선택할까?

책의 크기는 자신의 의도에 맞춰 선택하면 된다. 그러나 크기를 정하기 막막하다면 출판계에서 주로 쓰이는 규격 크기를 먼저 알아보자. 종이 낭비를 최소한으로 줄일 수 있도록 설정한 크기다. 많은 출판사에서 사용하는 만큼 안정적이고, 낭비되는 종이가 적은 만큼 비용도 절감된다. 따라서, 아래의 규격 크기에서 가로나 세로 길이를 조금씩 줄여가며 내 책에 어울리는 판형이 무엇일지 정해보자(이처럼 규격 크기보다 작은 판형을 ○○판 변형 크기라고 부른다). 이 책은 46판 크기로 만들어졌다.

- **국배판(210×297㎜)**   A4용지 크기
- **46배판(188×257㎜)**   문제집 등에 주로 사용되는 큰 크기
- **신국판(152×225㎜)**   단행본에 가장 많이 사용되는 크기
- **국판(148×210㎜)**   A4용지의 절반 크기
- **46판(128×188㎜)**   휴대하기 쉬운 시집 등의 작은 크기

내 책의 완성도를 높이는 편집의 기초

스티븐 킹 Stephen Edwin King 은 《유혹하는 글쓰기》에서 '글쓰기는 인간의 일이고 편집은 신의 일이다'라고 말했다. 편집의 중요성을 역설하는 말이다. 책의 완성도는 편집에 달려 있다고 해도 과언이 아니기 때문이다.

출판사의 편집자가 하는 일에 대해서 알면 편집에 대해 이해하기 쉽다. 편집자는 책을 기획하고 저자를 섭외하며, 저자에게 받은 원고를 보충하거나 기획의도에 적합하도록 다듬는다. 원고를 교정교열하고, 보도자료를 작성하며, 홍보와 마케팅에도 관여한다. 즉 담당 도서 작업에 대한 전반을 책임진다.

나만의 여행책을 만들 때 우리는 저자이자 편집 디자이너, 편집자다. 편집 작업은 원고를 책으로 인쇄할 수 있는 하나의 완전한 파일로 만드는 과정이다. 먼저 원고 내용이 기획 의도와 전체 구성에 잘 맞는지, 분량은 적절한지 등 기획 단계에서 설계한 방향대로 충실히 구현되고 있는지를 점검한다.

교정교열은 대체로 세 번 정도를 진행한다. 이때 우리는 기획한 대로 원고와 사진 등이 잘 반영되어 있는지 확인하고, 맞춤법, 띄어

쓰기, 오탈자, 한자, 외래어 표기, 중복 표현이나 누락 단어, 잘못된 표기, 어법 등을 교정하게 된다. 원고 내용상의 오류를 검토하는 일도 함께 진행한다.

이렇게 교정을 최초로 진행하는 작업을 두고 '초교(첫 번째 교정)'라 하고, 초교 내용을 디자인에 반영해 다시 보는 것을 '재교(두 번째 교정)'라 한다. 보통 '삼교(세 번째 교정)'까지 진행하는데 경우에 따라 재교에서 끝나거나 삼교 이상을 볼 수도 있다.

사실 특별히 복잡하거나 어려운 용어가 많이 사용된 경우가 아니라면 편집은 혼자서도 무리 없이 가능하다. 그러나 앞으로 꾸준히 책을 만들고 싶은 독자라면 시중에 나와 있는 편집 관련 책을 보거나 교육기관을 통해 차근차근 배워도 좋을 일이다.

세련미를 더하는 타이포그래피 맛보기

편집 디자인에서 활자의 서체나 배치를 구성하고 표현하는 일을 타이포그래피Typography라고 한다. 의도에 맞는 글꼴을 선택하고 글자 사이의 간격(자간)이나 줄과 줄 사이의 간격(행간)을 조절해 다양한 느낌을 낼 수 있다.

아주 세밀한 작업인 탓에 출판 비전공자가 처음 책을 만들 때 놓치기 쉬운 부분이다. 근사한 레이아웃이나 깔끔한 마감처리에도 불구하고 타이포그래피 때문에 어딘지 모르게 촌스러운 책이 되기도 한다. 반대로 특별한 요소 하나 없이도 왠지 세련미가 넘치는 책도 적지 않다. 타이포그래피의 위력이다. 아름다운 타이포그래피를 위해서는 전문 지식이 필요하지만, 나만의 여행책에 세련미를 더하는 정도의 최소한의 조건은 있다.

출판용 글꼴으로는 보통 '윤고딕'과 'SM신신명조'를 많이 쓴다. 문서를 작성할 때 많이 이용하는 '굴림체'나 '맑은고딕'은 출판용으로 적합하지 않다. 인쇄 시 가독성이 떨어지기 때문이다. 그러나 이 두 폰트는 유료이므로, 무료이면서 책에 활용하기 적당한 글꼴로 제주도청에서 제공하는 '제주명조'와 네이버에서 만든 '나눔명조'

를 추천한다.

그렇다. 타이포그래피의 궁극적인 목적은 가독성이다. 그래서 특히나 글이 많은 에세이의 경우에는 타이포그래피가 매우 중요하다. 가독성을 위한 타이포그래피 불패의 원칙은 한 줄에 30~35글자(신국판 기준)로 구성하고, 행간은 글자 크기의 70%, 자간은 기본보다 50~70% 좁히는 것이다. 이 정도 규칙만 적용해도 안정적인 책이 나온다.

가독성을 높여주는 폰트

제주명조과 나눔명조는 각각 다음 사이트에서 다운 받을 수 있다. 그 외에 표지 폰트로는 제주고딕, 나눔 손글씨펜 등도 추천한다.

- 제주도청(http://www.jeju.go.kr/jeju/symbol/font/myeongjo.htm)
- 네이버 한글한글 아름답게(http://hangeul.naver.com/2016/nanum)

나눔명조 제주명조

내 책의 얼굴, 표지 디자인

표지는 '책의 첫인상'이다. 첫인상만큼 중요한 게 있을까. 특별한 디자인은 강렬한 기억을 남긴다. 기대하지 않고 나간 소개팅인데 저 멀리서 내 이상형이 뚜벅뚜벅 걸어 들어온다면 어떨까? 자기도 모르게 옷매무새를 가다듬고, 상대방에 대해 조금 더 알아가고 싶어질 것이다.

책도 마찬가지다. 근사한 표지는 지나가던 우리의 발걸음을 멈추고, 그 책을 집어 들도록 만든다. 빨리 책장을 넘기고 싶어진다. 심지어 관심 없는 분야의 책도 표지 때문에 읽고 싶어질 때가 있다. 이렇게 표지는 읽는 이들에게 시각적인 즐거움을 줄 뿐 아니라 책의 성격이나 내용에 관한 정보까지 제공한다.

표지도 책의 주제가 직관적으로 드러나는지, 독자가 책의 내용을 상상할 수 있는지, 시선을 잡아끄는 매력을 담고 있는지, 책의 성격과 잘 맞는지를 염두에 두고 디자인해야 한다.

디자인에 필요한 표지의 구성 요소는 앞표지, 책등, 뒤표지가 일반적이며 책에 따라 앞날개와 뒷날개를 만들기도 한다. 여기서 책등이란 책을 책꽂이에 세워 넣을 때 보이는 면이다. 앞날개와 뒷날개는 속으로 접히는 표지면으로, 저자 소개 등을 넣기도 한다. 표지 디자인 역시 인디자인 프로그램을 가장 보편적으로 쓰지만 포토샵, 일러스트 등의 그래픽 프로그램을 사용해도 된다.

이때 실제 크기보다 위아래 양옆의 여백을 3㎜ 전후로 크게 작업한다. 인쇄된 표지를 본문에 맞춰 자를 때 조금 오차가 발생하더라도 결과물이 영향을 받지 않도록 하기 위해서다.

표지 디자인을 할 때 반드시 알아야 할 것이 또 있다. 본문의 총 면수와 제본 방식이다. 내지의 총 면수는 책등의 두께를 결정하고, 디자인에도 영향을 준다. 그에 따라 책등을 어떻게 디자인할지에도 영향을 주기 때문이다.

책등의 두께는 본문 종이에 따라 많이 달라지므로 본 인쇄에 들어가기 전 인쇄소를 통해 반드시 확인해야 한다. 그 전에는 임의로 디자인해야 하는데 이때 감을 잡는 용도로 '책등 계산법'을 이용하면 된다. 제본 방식에 대해서는 다음 섹션에서 설명한다.

- **책등 계산법**　내지의 용지 그램 수(모조지기준)×총 페이지 수×0.6÷1000

  예) 《보통날의 여행(내지 100g)》: 100g×152페이지×0.6÷1000 = 9.12mm

- **표지 구성요소**

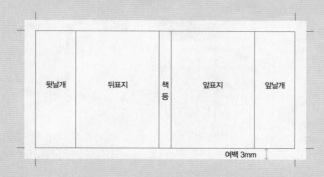

뒷날개	뒤표지	책등	앞표지	앞날개

여백 3mm

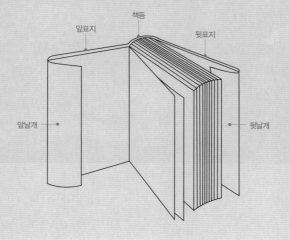

책등

앞표지　　　뒷표지

앞날개　　　뒷날개

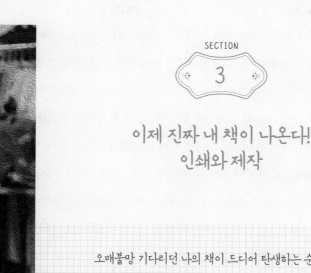

SECTION

·⬡· 3 ·⬡·

이제 진짜 내 책이 나온다!
인쇄와 제작

오매불망 기다리던 나의 책이 드디어 탄생하는 순간이다.
난생 처음 해보는 일인 만큼 지금까지의 과정보다
복잡하고 어렵게 느껴질 수도 있다.
그러나 이 내용을 잘 알아두면 실제 현장에 나가서도
큰 어려움 없이 나만의 책을 만들 수 있다.
남다른 감성을 담은 내 책을 만날 날이 머지 않았다!

인쇄와 책 제작, 똑똑하게 준비하기

디자인이 완성되면 이제 실제로 책을 인쇄하는 일만 남는다. 책의 크기와 면수, 인쇄 부수에 따라 인쇄비가 달라지는데 한 권당 적게는 1만 원, 많게는 10만 원을 훌쩍 넘을 수도 있다. 50부 이상 발행하고 싶다면 그에 적합한 인쇄소를 찾는다. 그 전에 자신이 인쇄를 위해 투자 가능한 최대 비용이 얼마인지 예산을 먼저 세워야 한다.

본인의 디자인이 충분히 반영된 샘플책도 한 권 필요하다. 제작비 산출을 위해 견본이 필요하기 때문이다. 샘플 인쇄를 위해서는 두 가지 방법이 있다. 먼저 가까운 '킨코스kinko's'나 '타라Tara' 같은 이른바 '인쇄 편의점'을 이용할 수 있다. PDF 파일을 가져가 몇 가지 선택 사항만 고르면 알아서 다 인쇄해주기 때문에 편안히 결과물을 얻을 수 있지만 대신 다양한 종이를 선택하긴 어렵다.

다음은 제지소에서 원하는 종이를 골라 직접 구입한 후 인쇄소에 찾아가 인쇄하는 방법이다. 이때는 인쇄소를 미리 섭외해두는 것이 순서다. 외부에서 사 간 종이로는 인쇄해주지 않는 인쇄소도 많기 때문이다. 집 근처나 충무로역 6~7번 출구 근처에 자리한 인쇄소 골목을 돌며 가능한 인쇄소를 찾아보면 된다.

나만의 여행책에 감성을 입혀줄 특별한 종이 고르기

'종이가 다 똑같지!'라고 생각할 수도 있지만 종이에 따라 책의 느낌은 매우 달라진다. 먼저 본문 종이를 살펴보자. 시중에서 흔히 볼 수 있는 잡지는 사진의 색감이 선명하게 표현되는 아트지나 스노우화이트지를 주로 사용한다. 단행본에 가장 흔하게 쓰이는 종이는 모조지다. 광택이 없고 깨끗한 느낌을 준다. 백상지라고도 하며, 가성비가 좋아 어느 책이든 무난하게 사용하기 좋다.

박은경의 여행에세이 《이 별, 까지 여행》은 본문 용지로 이라이트지를 사용했는데, 가볍다는 특성이 있어 책의 분량이 꽤 있음에도 불구하고 휴대가 용이하다는 장점이 있기 때문이었다. 또, 색감이 흐리게 인쇄되기 때문에 아날로그적 감성이 입혀진다.

여행에세이 《보통날의 여행》은 본문 용지로 재생지인 그린라이트지를 사용했다. 사진이나 그림 등의 이미지가 잡지에 사용되는 아트지나 스노우화이트지에 비해 다소 흐릿하게 표현된다. 그러나 개인적으로는 선명한 이미지보다는 살짝 뭉개지듯 표현되는 색감이 오히려 여행에세이의 감성을 잘 살린다고 생각해서 선택했다.

에세이 《보통의 나날들》은 담담한 시선으로 지난날을 이야기하

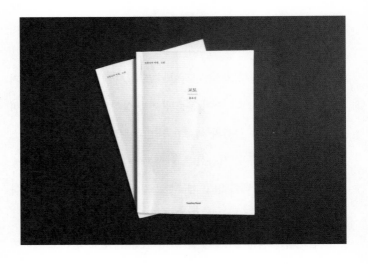

는 저자의 감성을 최대한 살리기 위해 글이 연필로 필기한 듯 느껴지는 효과를 줄 수 있는 문켄폴라 러프지를 내지로 사용했다.

다음은 표지 종이를 선택할 차례다. 감성 가이드북《보통날의 여행, 교토》는 질감이 특이한 순백색 머메이드지를 선택하고, 그 질감을 살리기 위해 최소한의 타이포그래피로 디자인을 마무리했다. 비싼 가격이 단점이다.

이 외에도 종이의 종류는 그야말로 무궁무진하다. 같은 종이라도 두께에 따라 느낌이 다르다. 종이의 두께는 무게(g)로 나타낸다. 보통 전지 1장당 무게를 표시하며, 무게가 무거울수록 두께가 두껍다는 뜻이 된다.

나만의 여행책에 특별한 감성을 더하고 싶다면 그에 맞는 종이를 찾아야 한다. 그러나 용지를 선택하기가 어렵다면 일반 단행본에 많이 쓰이는 용지를 선택하는 것도 하나의 방법이다. 실패 확률이 적기 때문이다. 본문은 모조지(백상지) 80~100g, 표지는 스노우화이트지나 아트지 200~250g가 일반적으로 사용된다. 이 책《나만의 여행책 만들기》는 본문 용지로 이라이트 80g, 겉표지 용지로 스노우화이트지 150g, 속표지 용지로 아트지 250g을 각각 사용했다.

감성을 돋보이게 하는 제책 방식 이해하기

제책(제본)의 방식은 무선제책, 중철제책, 양장제책, 반양장제책 등이 있다. 가장 보편적인 제책법은 무선제책으로 우리가 흔히 아는 책등이 판판하고 매끈한 바로 그 모양새다. 무선제책할 때 표지는 주로 200~300g 두께의 종이를 사용한다.

중철제책은 책등 부분을 철심으로 박아 만드는 방식으로 두껍지 않은 주간지 등을 만들 때 주로 사용하며, 독립출판물에서도 흔히 볼 수 있다. 표지는 본문 종이와 같거나 150~200g 정도 두께의 종

이를 사용하는 게 일반적이다. 본문 종이의 종류에 따라 다르지만 일반적으로(모조지 80~100g 기준) 32~64페이지 미만 분량의 책에 적합하다. 가격이 저렴한 것도 장점이다.

양장제책은 본문 용지를 실 등으로 꿰맨 후 적당히 두꺼운 종이에 표지 종이를 감싸 붙이는 합지 작업으로 마무리한다. 고급스러운 느낌이 나고 튼튼해 책의 상태를 오래 유지할 수 있다. 무선제책 다음으로 많이 볼 수 있는 딱딱한 재질의 표지다. '하드 커버Hard Cover'라고도 한다.

반양장제책은 본문은 양장제책 방식과 같이 만들지만 표지는 무선제책으로 마무리하는 방식을 말한다. 본문으로 사용된 종이가 너무 두꺼워 쉽게 뜯겨질 위험이 있을 때 등에 사용한다.

이외에도 무선제책의 단점을 보완해 책이 중철제책한 것처럼 180도 다 펼쳐지면서도 본문 종이가 쉽게 뜯겨지지 않는 PUR제책, 스프링노트 같은 형식의 링제책, 손으로 직접 하는 수제제책(북바인딩) 방식 등이 있다.

완벽한 마무리를 위한 후가공 선택하기

후가공은 표지를 보호하거나 좀 더 깔끔하게 마무리하기 위한 작업으로 코팅, 박, 형압, 누름 자국 등이 있다. 물론 누름 자국 내기를 제외하고는 반드시 해야 하는 작업은 아니다.

코팅에는 크게 두 가지 방식이 있다. 먼저 표지 면 전체에 비닐을 씌우는 '라미네이팅 방식'으로, 습기에 강하다는 장점이 있다. 유광 라미네이팅은 광택이 뛰어나며, 무광 라미네이팅은 광택 없이 고급스러운 느낌을 낸다. 다음으로 'UV 코팅'은 광택이 뛰어난 동시에 말 그대로 자외선 차단 기능이 뛰어나 표지의 색상 변화를 막는다는 장점이 있다.

박은 제목 등 특정 부분에 검정색, 금색, 은색, 홀로그램 등의 색을 도장처럼 찍어 입히는 것이다. 그 색깔에 따라 먹박(검정색), 금박(금색), 은박(은색), 백박(흰색), 홀로그램박(다양한 홀로그램) 등으로 나뉘며, 표지에 고급스러운 느낌을 주거나 약간의 입체감을 주고 싶을 때 이용하면 좋다. 형압 역시 표지의 제목에 주로 사용하는 방식으로, 표지 뒷면에 압력을 주어 제목이 위로 튀어나오거나 아래로 파이도록 하여 입체감을 표현한다.

누름 자국 내기는 표지의 접혀야 할 부분에 미리 선을 넣어 책 홈을 만드는 것이다. 누름 자국을 내면 표지를 펼칠 때 가지런한 모양으로 보기 좋게 접히는 데 반해 아무런 작업이 되어 있지 않으면 보기 흉하게 접힌다. 이런 상황을 방지하기 위해 표지 두께가 180g 이상일 경우에는 반드시 누름 자국을 내길 권한다.

합리적인 인쇄 방법 결정하기

발행 부수가 50부 이상이라면 나에게 가장 합리적인 인쇄 방법이 무엇일지 꼼꼼하게 따져 봐야 한다. 인쇄는 크게 '디지털 인쇄'와 '오프셋 인쇄Off Set-printing'로 나뉜다. 각각의 장단점을 잘 이해하고 가장 합리적인 인쇄 방법을 찾도록 하자.

디지털 인쇄는 주문형 출판·인쇄라 하여 POD Publish On Demand라고도 부른다. 앞에서 말했던 킨코스나 타라 같은 일종의 인쇄 편의점에서 대부분 이런 형태로 인쇄를 한다. 고성능 디지털 인쇄기를 이용하며, 파일을 가지고 가면 그 자리에서 책을 만들어준다.

분량에 따라 다소 차이는 있지만 대기시간이 따로 없을 경우 한 시간 전후면 인쇄된 책을 받아볼 수 있다. 단 한 권이라도 인쇄가 가능하다는 장점이 있어 요즘에는 대형서점에서 POD 서비스를 제공하기도 한다. 독자가 원하면 전자책을 종이책으로 만들어 보내주는 서비스다. 독자는 종이책으로도 볼 수 있어 좋고, 출판사에서는 불필요한 종이책 재고를 떠안지 않아도 되는 장점이 있어 서비스가 점점 확대되고 있는 추세다.

단점은 단가가 비싸다는 것인데, 인쇄소나 책의 사양에 따라 매우 차이가 있겠으나 A5판형의 32페이지 전후 분량에 얼추 3~5만 원 사이의 비용을 지불해야 한다. 따라서 대량으로 인쇄할 때는 그다지 효율적이지 않은 방법이다.

오프셋 인쇄는 간접 인쇄 방법의 하나로 출판사들이 채택하고 있는 가장 보편적인 인쇄 방식이다. CMYK, 즉 청록색Cyan, 심홍색Magenta, 노란색Yellow, 검정색Black의 네 가지 잉크를 판에 묻혀 고무 블랭킷에 옮긴 후 다시 종이에 인쇄하는 방식이다. 완성된 디자인 파일을 인쇄소에 넘기면 필름을 출력해 교정하고, 판을 만든 후 인쇄를 진행한다. 인쇄가 끝나면 건조 후 제본 및 후가공을 통해 책으로 완성된다.

전자에 비해 인쇄에 걸리는 시간이 비교적 긴 편으로 적게는

3일, 길게는 일주일 정도 걸린다. 장마 기간이나 겨울철에는 건조 시간이 길어져 시간이 조금 더 필요하므로 제작 기간을 넉넉히 잡고 일을 진행해야 한다. 인쇄 품질이 훌륭하고 대량으로 제작할수록 단가가 저렴해지며, 다양한 판형으로 제작 가능하다는 장점이 있다. 다만 제작 시간이 길고 방법이 복잡해서, 소량 제작 시에는 비효율적이기 쉽다.

충무로 인쇄 골목 출동! 나 홀로 샘플책 만들기

샘플책을 만드는 이유는 본 인쇄 시작 전, 기획한 책과 최대한 비슷한 품질의 책을 제작해 디자인이나 편집 상태를 점검하고, 인쇄사고를 예방하기 위해서이다. 단 한 권의 책이 목표인 경우라도 처음 책을 만들 때에는 어쩔 수 없는 시행착오가 생기게 마련이다. 샘플책은 그래서 '샘플'이다. 나 홀로 샘플책을 만들기 위해서 먼저 인쇄소가 모여 있는 충무로로 가자.

충무로 역 7번 출구로 나가 한 블록 정도 가면 골목골목에 종이를 전문으로 판매하는 제지소, 종이를 알맞은 크기로 잘라주는 재단소, 실제 인쇄를 진행하는 인쇄소 등 인쇄 관련 업체들이 모여 있다. 복잡한 것이 단점이라면 단점이지만 샘플책을 만들기에 최적의 장소이다.

충무로로 출동하기 전에 반드시 준비할 것이 있다. 완성된 PDF 파일, 롤모델로 삼은 책이다. 표지를 어떤 용지로 결정하면 좋을지, 내지는 어떤 용지로 할지 정하는 일은 생각보다 어렵다. 그렇기 때문에 미리 롤모델로 삼을 책들을 샘플로 준비하면 일은 훨씬 수월해진다.

샘플책을 만들기 위한 순서는 인쇄소(직접 구입한 용지를 사용할 수 있는지 확인) → 제지소 → 재단소 → 인쇄소이다. 먼저 원하는 종이를 골라 구입하기 위해서 제지소를 방문한다. 충무로 인근의 제지소 중 크게 두 곳을 추천하자면 충무로 역 7번 출구 인근의 '뛰는 사람들'과 을지로4가 역 인근의 '인더페이퍼(두성종이)'이다.

롤모델이 되는 책을 가지고 가면 종이를 고를 때 전문가인 직원들에게 도움을 요청할 수 있다. 그들은 그 책과 같거나 비슷한 종이를 골라 제안해준다. 제지소에서는 종이를 원 상태인 전지 혹은 4절 단위로 판매한다는 점을 기억한다. 즉 재단소를 통해 책에 맞는 크기로 잘라야 한다는 이야기다.

재단소에서는 구입한 종이를 인쇄기에 들어갈 수 있도록 적정 크기로 자른다. 인쇄 골목에는 재단소 또한 많이 있으나 개인적으로는 승리재단과 신신재단을 주로 이용했다. 이때 종이를 4절지 등 '인쇄용 크기'로 잘라야 한다는 점을 주의하자. 실제 책 크기대로 종이를 잘랐다간 기껏 구입한 종이에 인쇄 한 번 하지 못하고 폐지로 버려야 된다. 인쇄용 크기는 인쇄소에 문의하면 알 수 있다.

　종이를 알맞은 크기로 잘 잘랐다면 마지막으로 인쇄소로 이동한다. 이제 인쇄소에 파일과 구입한 종이를 건네주면 끝이다. 무선제책의 경우 인쇄소에 따라 장비가 없는 경우가 있는데, 이때는 주변의 인쇄 편의점에서 무선제책만 따로 할 수도 있다. 디자인 작업에 큰 문제가 없다면 대개는 하루 만에 샘플책이 완성되어 나온다.

샘플책 만드는 과정 간단 노트

❶ 디자인 파일을 저장한 USB와 원하는 종이 재질로 만들어진 롤모델 책을 준비한다.
❷ 종이 구입을 위해 지하철 충무로 역(인더페이퍼 이용 시. 을지로4가 역)으로 이동한다.
❸ 제지소에서 본문 용지와 표지 용지를 구입한다.
❹ 재단소에서 알맞은 크기로 용지를 재단한다.
❺ 인쇄소에 구입한 용지와 디자인 파일을 준다.
❻ 완성

소장할까? 유통할까? 제작 부수 결정하기

샘플책을 무사히 제작하고 나면 자신감이 넘쳐 진지하게 고민하게 된다. 소장본으로 만족할까, 아니면 서점에도 한 번 팔아볼까? 소장본으로 소량(30부 미만) 제작할 마음이 아니라면, 어떤 인쇄 방식이 본인에게 더 유리할지 고민할 필요가 있다. 디지털 인쇄소와 오프셋 인쇄소를 찾아 견적을 비교한 후 비용의 차이가 크게 없다면 오프셋 인쇄를 권한다. 결과물의 품질이 디지털 인쇄보다 우수하기 때문이다. 그렇다면 제작 부수는 몇 권으로 정하는 게 좋을까? 앞서 말한 대로 책을 만든 상황이나 이유가 천차만별이라 딱히 정답은 없다. 그러나 만일 서점가로 책을 유통해보고 싶은 마음이 있다면 최소한 100~300권 정도를 권한다. 보통은 서점 한 곳당 다섯 권 전후로 위탁하게 되는데, 그렇게 되면 작은 서점 10여 곳에만 위탁해도 50권을 훌쩍 넘겨 쓰게 된다. 게다가 시리즈물이 아닐 경우에는 독자들이 자유롭게 볼 수 있도록 서점 내에 비치할 샘플용 책을 함께 제공해야 하는 경우도 적지 않다. 이런 식으로 알게 모르게 증정용으로 빠져나가는 부수가 있기 때문에 제작 부수는 넉넉하게 검토하는 게 좋다.

인쇄소에 견적 알아보고 의뢰하기

인터넷에 인쇄소를 검색하면 매우 많은 인쇄소들이 나온다. 그 중 몇 곳을 골라 연락을 취해 견적을 받으면 되는데, 견적을 낼 때 꼭 필요한 몇 가지 정보를 미리 정리해 통화하면 좋다.

견적서는 팩스나 이메일로 받아 챙겨둔다. 인쇄소마다 견적이나 조건이 조금씩 다를 수 있다. 때문에 견적 비용이 크게 차이 날 경우 어떤 부분에서 차액이 발생하는지 꼼꼼히 따져보고 싶다면 견적서를 프린트해두는 것도 좋다. 몇 군데 비교해 대략적인 비용을 알아본 후에는 마음에 드는 몇 곳을 직접 방문한다.

앞서 만들어둔 샘플책을 가지고 방문하면 더 좋다. 전화로는 간단한 조건 확인에 그치지만 샘플책을 가져가면 인쇄소와 좀 더 전문적이고 구체적으로 상담을 진행할 수 있다. 물론 전화와 인터넷만으로도 인쇄까지 진행할 수 있지만, 인쇄소를 직접 방문하면 인쇄 과정을 훨씬 더 쉽게 이해할 수 있으므로 추천한다.

견적 시 꼭 필요한 책의 정보

이 책을 예시로 인쇄를 위해 필요한 정보를 정리했다. 다음과 같은 내용을 미리 메모해 인쇄소와 통화하면 좀 더 정확한 견적을 낼 수 있다.

* **책의 판형**　　　　　　　예) 128X188mm
* **책의 총 면수**(표지 제외)　예) 312페이지
* **컬러 사용 유무**　　　　　예) 컬러, 검은색만 등
* **본문 용지 종류**　　　　　예) 이라이트 80g
* **표지 용지 종류**　　　　　예) 아트지 250g, 스노우화이트지 150g
* **제책 방식**　　　　　　　예) 무선제책
* **후가공여부**　　　　　　　예) 무광 라미네이트(코팅)

MAKING A TRAVEL BOOK

부록 · 하나
내가 만든 여행책,
서점으로 진출!

서점에서 내 책이 팔린다면 어떨까?

처음으로 직접 쓰고 만든 여행에세이인《보통날의 여행》이 처음으로 서점 매대에 세워지던 순간을 기억한다. 그날의 감동은 지금도 잊을 수 없다. 여행에 대한 이야기를 책을 통해 소통하며 살고 싶다는 나의 바람이 비로소 현실로 이루어진 때였다.

책을 만들고 싶었던 이유와 서점에서 팔고 싶었던 이유는 한 가지였다. 여행의 경험을 보다 많은 사람들과 함께 나누고 싶기 때문이었다. 이따금씩 책을 읽고 좋았다는 이야기를 전해오는 독자를 만나면 그보다 더 행복할 수 없다.

매우 추운 겨울날, 책을 읽고 나를 직접 만나고 싶다며 일부러 내가 참석하는 세미나까지 찾아온 독자를 만난 적이 있다. 그가 책을 들고 함께 사진 찍기를 청했을 때는 정말 꿈인지 생시인지 현실감마저 들지 않았다.

혼자만 소장용으로 간직했다면 결코 일어날 수 없었을 일이다. 책을 통해 나누고 싶던 나의 정서를 실제로 누군가 공감해준다는 짜릿함! 글 쓰고 책 만드는 일을 멈출 수 없는 가장 큰 이유다.

나만의 여행책을 판매하는 다양한 방법

직접 제작한 책은 여러 경로로 판매할 수 있다. 가장 보편적인 방법은 독립출판물을 취급하는 작은 서점에 '위탁 판매'하는 것이다. 위탁 판매란 책을 먼저 공급하고 판매가 되면 나중에 정산받는 방식이다. 혹은 창작물을 서로 사고파는 북페어나 아트마켓에 셀러Seller로 참여할 수도 있다. 북페어는 매년 10월 말이나 11월 초 열리는 '언리미티드 에디션Unlimited edition'과 상상마당에서 주최하는 전시형마켓 '어바웃북스ABOUTBOOKS'가, 아트마켓은 세종문화회관에서 주최하는 '세종예술시장 소소'가 대표적이다. 이외에도 최근에는 서점마다 자체적으로 크고 작은 프리마켓을 여는 경우도 많다. 대부분의 경우 참여 시 참여비나 판매수수료를 지불해야 하지만 세종예술시장 소소의 경우에는 지불해야 하는 비용이 없고 매대 등 필요한 도구들까지 모두 제공하므로 매년 참여 경쟁이 뜨거운 편이다.

개인 홈페이지를 통한 직접 판매도 가능하다. 만약 출판사로 사업자 등록을 했다면 대형 서점에서도 판매가 가능하다. 대형 서점에 판매하기 위해서는 출판사로 등록해야만 발급받을 수 있는 도

서고유번호인 ISBN가 반드시 필요하다. 한편, 동네 서점에서는 이 번호가 없어도 크게 문제되지 않는다. ISBN에 대한 정보는 '서지유통정보시스템(http://seoji.nl.go.kr)'에 자세히 설명돼 있다.

내 책, 서점에 입고하기

다음으로 작은 서점에 책을 유통하는 방법을 소개한다. 먼저 거래하고 싶은 서점을 정한 후 책에 대한 소재와 함께 입고 가능 여부를 묻는 메일을 보낸다. 서점마다 추구하는 콘셉트가 제각각 다르므로 가능한 한 많은 서점의 분위기를 알아본 후 일을 진행하는 게 좋다. 서점과 내 책의 성격이나 분위기가 잘 맞으면 서로에게 모두 이득이기 때문이다. 서점에서 긍정적인 답변이 오면 거래 조건을 협의한다. 이렇게 책을 서점에 들여놓는 것을 '입고'라고 한다. 보통은 위탁 판매로 진행되는데, 앞에서 말했듯 책을 먼저 공급하고 판매가 되면 후불 정산하는 방식이다. 정산 시에는 책의 정가에서 위탁 판매 수수료를 제외한 나머지 금액을 입금해준다.

위탁 판매 수수료는 일반적으로 30%지만 서점에 따라 다를 수 있으니 미리 확인해야 한다.

대개의 서점이 이런 위탁 판매 방식을 채택하지만, 간혹 책 입고와 동시에 금액을 정산하는 '사입' 방식을 선호하는 서점도 있다. 또 최초 입점 시 입점비를 요구하는 곳도 있다.

입고가 결정되면 책을 공급한다. 판매용 다섯 부와 비치용 샘플 한 부를 공급하는 것이 일반적이지만 제작자의 입장을 고려해 샘플책을 받지 않지 않는 경우도 있다.

작은 서점 입고 진행 과정

❶ 제작한 책과 콘셉트가 잘 맞는 서점 목록을 만든다.
❷ 책과 저자를 소개하는 글을 준비한다.
❸ 선정한 서점으로 입고 메일을 보낸다.
❹ 긍정적인 회신을 받으면 조건(위탁 판매 수수료, 입점비 유무, 정산주기 등)을 협의한다.
❺ 협의된 물량을 서점으로 납품한다.

MAKING A TRAVEL BOOK

부록 · 둘

톡톡 튀는
여행책 홍보법

더 많은 이들과 나만의 책을 나누는 기쁨

요즘은 자기 PR시대다. 출판사를 통해 책을 내는 기성 작가들도 글쓰기에 그치지 않고 홍보에 적극적으로 참여하는 분위기다. 좀 더 많은 이들과 내 여행을 나누고 싶다면 홍보는 반드시 필요하다. 아무도 알지 못하는 책은 소통도, 공감도 있을 수 없기 때문이다.

몇 번이나 강조했지만《보통날의 여행》은 그야말로 여행을 나누고 싶어 만든 책이다. 그래서였을까. '홍보'를 해야겠다는 구체적인 생각을 하기도 전에 이미 나는 홍보를 하고 있었다. 책을 통해 여행을 나누고 싶었으므로 여행기 원고를 공개 모집했고, 책을 만들고 나서는 여행기의 주인공을 직접 만나보고 싶어 '북 콘서트'를 열었다. 여행을 좋아하는 저자와 독자가 모이자, 활자로만 존재하던 여행이 현실로 튀어나와 신나는 시간이 만들어졌다. 이렇게 만난 사람들은 다음 호를 만들 때 교정교열 및 마케팅, 모니터링 등으로 함께하며 계속해서 인연을 이어갔다. 아무도 강요하지 않았으나 모두 자발적으로 즐겁게 참여했다.

그냥 '이 책 좋아요', '재밌어요'라고 강조해봤자 소용없다. 광고로 가득 찬 요즘 세상에 뻔한 광고는 독자들의 마음을 움직일 수 없다. '홍보를 위한 홍보'에는 진정성이 없기 때문이다. 나만의 여행을 공유하고 싶은 마음, 좋은 것을 함께 나누고 싶은 진심이 있다면 방법은 절로 떠오를 것이다. 그러면 우리는 그 방법을 통해 서로 나누어갖고, 다시 나누어주면 된다.

홍보의 기본, SNS

나의 경우 저자를 모으기 위해서 혹은 예비 독자에게 책의 소식을 알리기 위해서 SNS 활동을 부지런히 했다. 취미로 시작한 일에 광고비를 엄청나게 들일 수는 없었다. 내가 있는 자리에서 할 수 있는 활동에 최선을 다할 뿐이었다.

앞서 언급했다시피 처음부터 홍보를 목적으로 하지 않았으므로 공식 계정을 따로 만들진 않았다. 혼자 글을 끼적이던 블로그와 페이스북, 인스타그램이 주 무대였다. 블로그는 개인적으로 실험적인 글을 올리는 곳이자 일기장이었다. 특히 책 만드는 과정을 기록하고 싶어서 진행 과정을 일기 쓰듯 차곡차곡 글과 사진으로 올리기 시작했다. 페이스북에는 사소한 소식을 그때그때 짧은 글로 전해 현장감을 전달했다. 인스타그램에서는 긴 글보다 사진 중심으로 메시지를 전달했다.

《보통날의 여행》시리즈가 몇 권이나 나온 지금도 크게 달라진건 없다.《보통날의 여행》관련 글이 늘어나면서 블로그에 전용 게시판을 만들었고, 페이스북에는 개인 계정 내에 전용 페이지를 개설한 점이 홍보를 위해 추가로 한 일의 전부이다. 다만 인스타그램

의 개인 계정에는 사생활 이야기가 혼재되기 때문에 책을 위한 전
용 계정을 따로 만들었다.

계정이 몇 개인지는 중요하지 않다. 꾸준한 기록이 관건이다. 사
람들은 어느날 갑자기 내 책에 관심을 갖게 되지 않는다. 지속적인
활동이 이어져야 입소문을 타고 하나 둘 모여들기 시작한다. 크게
대단한 이벤트가 없어도 성실하게 소식을 전하다 보면 자연스레
홍보가 이루어진다.

독자를 직접 만나는 아트마켓과 전시회

아트마켓에 셀러로 참여하거나 전시회를 열 수도 있다. 셀러로
참여하면 많은 예비 독자들을 직접적으로 만날 수 있고, 작은 전시
회를 열면 관심 있는 사람들이 알음알음 모여든다.

나는 2014년 가을부터 꾸준히 아트마켓 '세종예술시장 소소'에
참여하고 있다. 소소시장이라고도 불리는데, 매년 봄과 가을이면
첫째·셋째 주 토요일마다 장이 선다. 세종문화회관 뒤편, 예술의
정원에서 열리는 이 행사는 다른 아트마켓보다 훨씬 다양한 독립

출판물을 만날 수 있어 좋다. 여러 가지 개성만점 책들을 둘러보다가 새로운 영감을 얻기도 한다. 그런 순간은 뜻밖의 수확이라 더욱 신이 난다. 무엇보다 아트마켓에 참여하면 예비 독자를 무한대로 만날 수 있다는 사실이 가장 좋다.

'이런 책도 있어요?', '이 책 어디서 봤어요! 어디더라…', '여기 다 가보신 거예요?'라고 관심 갖는 사람들이 다가오면 굳이 책을 사지 않아도 신이 나서 엉덩이가 들썩인다.

책을 많이 판 날은 주머니가 두둑해져서 좋고, 책을 적게 판 날도 내 책의 존재를 알릴 수 있으니 나쁠 게 하나 없다.

개인 작업물을 가지고 소소한 전시도 할 수 있다. 고맙게도 이용료를 한 푼도 받지 않고 전시 공간을 대여해주는 작은 서점들이 많다. 주로 제작자들이 자신의 작업물을 가지고 전시를 기획하는데, 나는 일본에서 찍었던 사진들로 세 곳의 서점에서 릴레이 사진전을 열었다. 서점에서는 사진전 한쪽에 내가 만든 책과 엽서를 배치해 판매에 도움을 주기도 했다.

독자들의 눈길을 확실하게 끌어모으는 프로모션 활동

한번에 확실하게 시선을 끌기 위해서 다양한 프로모션 활동을 진행하는 경우도 있다. 잡지 〈아카이브저널〉에서는 이태원에서 장소를 빌려 창간 파티를 했고, 독립잡지 〈냄비받침〉은 홍대 인근에서 라면 파티를 열기도 했다. 냄새를 소재로 한 잡지 〈SCENT〉는 창간 기념으로 홍대 펍을 빌려 플리마켓을 주최했고, 여행잡지 〈장기여행자〉는 창간 기념 사진전을 열었다.

자신의 전문 분야에 따라 워크숍을 기획하기도 한다. 음악가이자 고전에 조예가 깊은 편집장을 중심으로 한 문화잡지 〈싱클레어〉는 '고전 읽기 워크숍'을 꾸준히 진행 중이다. 또 현직 여행작가가 본업인 나는 '나만의 여행책 만들기(독립출판)'와 '나만의 여행노트 만들기(북바인딩)' 등 여행을 주제로 다양한 워크숍을 진행하고 있다.

이외에도 영화 상영회, 북 콘서트, 팟캐스트와 같이 재미있는 프로모션 활동은 무궁무진하다.

함께 해서 더 즐거운 협업 이벤트

협업이란 공동 출연, 합작, 공동 작업을 뜻한다. 서로에게 시너지가 되는 방향으로 함께하게 되므로, 저자이자 책 제작자는 주로 다른 제작자나 저자, 서점 등과 함께하는 경우가 많다.

《보통날의 여행》은 두 가지 표지로 출간했는데, 각각 무선제책으로 된 일반판과 양장제책으로 된 한정판이었다. 그중 직접 손으로 만들어야 하는 한정판은 북바인딩을 전문으로 하는 '꼬북 스튜디오'와의 협업으로 만들어졌다. 이처럼 아트마켓에 참여하거나 워크숍을 기획할 때도 함께 머리를 모아 움직이면 아이디어는 많아지고 즐거움도 더해진다.

또한 그림책 《사랑을 담아》를 만든 권송연 작가와 《길에서 만난 친구》를 쓴 료홍 작가는 독립서점 헬로인디북스와 '헬로 크리에이터'라는 이름으로 협업 작업을 진행했다. 헬로 크리에이터는 일일 셀러로 참여해 서점 앞 전용매대를 하루 동안 책임지는 행사다. 부비책방에서는 《강사들을 위한 코칭 북》의 제작자이자 더커뮤니케이션 대표인 강지연 작가와 협업하여 강사양성 워크숍인 '나만의 워크숍 만들기'를 마련하기도 했다.

이와 같이 협업 이벤트 방법은 다양하다. 먼저 함께 할 사람들을 찾아보자. 공통분모를 찾고, 각자의 전문 분야를 잘 살려 서로 시너지 효과를 낼 수 있도록 이벤트를 기획하는 일은 책 홍보에 도움이 될 뿐 아니라 그 자체가 즐겁고 의미 있다.

1

인터뷰

김
소
연

《앗쌀라무 알라이쿰 두바이》

평범한 회사원으로 살고 있지만, 마음은 항상 어딘가로의 여행을 꿈꾸며 살아가고 있습니다. 새로운 것과 도전을 좋아하는 30대 중반의 여자예요.

Q 직접 만드신 책을 소개해주세요.

A 《앗쌀라무 알라이쿰 두바이》는 두바이에서 6개월 동 안 지내면서 경험했던 삶, 생각들, 그리고 사랑했던 마 음을 사진과 함께 감성에세이로 풀어낸 책입니다. 뿐만 아니라 이 책 한 권으로 두바이 여행까지 할 수 있도록 심플 가이드북을 함께 구성했어요.

Q 책을 만들고 싶었던 이유는 무엇인가요?

A 두바이에서의 6개월 생활을 준비하던 중 두바이 관련 정보를 얻을 겸 책을 찾아보 았는데 거의 없다는 걸 알게 되었죠. 아쉬움에 내가 직접 책을 만들고 싶다는 생각 을 하게 되었고, 책을 통해 두바이를 알고자 하는 사람들에게 전문적인 여행 지식까 진 아니더라도 꼭 필요한 정보를 공유하고 싶었어요.

Q 마음 속에 담아 두었던 책 만들기를 직접 시작하게 된 계기는 무엇인가요?

A 두바이에서 돌아온 직후 출판사와 접촉하려고 했지만, 직장 생활에 정신 없어 책 출 판은 마음 한 구석으로 밀려났어요. 그러던 중 지인을 통해 개인 출판과 1인 출판사 를 알게 되었고, 시작이 반이라는 생각으로 '나만의 여행책 만들기' 수업을 듣게 되 었습니다. 교육을 들으면서 비로소 원하던 것들에 조금씩 다가갈 수 있었어요.

Q 책은 어떤 과정으로 만들었나요?

A 두바이에서 찍은 사진과 썼던 글들을 모아 그중에서 책에 넣을 것을 정하고, 사진과 글을 알맞게 매치했습니다. 글은 여러 번의 퇴고를 통해 완성했습니다. 기획한 목차 에 따라 사진과 원고를 배열하고, 편집 디자인을 진행했어요.

Q 본격적으로 책을 만든 기간은 얼마 정도인가요?

A 수업 들은 기간을 포함해 총 6개월이 걸렸습니다. 직장인이라 짬짬이 작업을 해야 했기 때문에 생각보다 늘어진 것 같아요.

Q 어려웠던 점은 무엇이고, 어떻게 해결하셨나요?

A 책을 만들기 위한 적절한 프로그램 선정이 어려웠어요. 저는 포토샵으로 책을 디자 인했는데 총 페이지가 많은 탓에 보통 일이 아니었거든요. 책을 제작하면서 적어도 열 번은 전체 수정 작업을 거쳤는데, 인디자인으로 하면 한 번에 할 수 있는 수정 작 업도 포토샵으로 하면 전체 페이지를 다 열어가며 수정해야 하는 '노가다' 작업으로

바뀐다는 사실을 몰랐어요. 도중에 작업 도구를 바꿀 수가 없어 인내심을 가지고 작업했죠. 그러다 보니 제작 기간이 늘어났고요.

Q 책을 만들고 난 직후 기분은 어땠나요?

A 나의 인생 버킷리스트 중 하나였던 책을 출간한 순간, 그리고 그 책들을 여러 사람 앞에 선보이게 된 순간 뿌듯하면서도 설레는 감정이 제일 컸던 것 같아요. 책을 내고 싶은 생각은 20대 중반부터 갖고 있었기에 어쩌면 제 꿈은 10년간의 많은 도전 속에 이루어진 거나 다름없어요. 완성된 책을 손에 처음 들었을 때는 정말 두근거렸어요.

Q 첫 책 제작 이후 어떤 활동을 하셨나요?

A 블로그는 사진과 내용을 준비할 겸 출간 2년여 전부터 시작했었고, 책이 출간된 이후에는 다른 SNS 활동도 시작했습니다. 현재 작은 동네 서점 서너 곳과 영풍문고 등 대형 서점으로 책이 유통되고 있어요. 책 무료 증정 이벤트와 두바이 여행 클래스, 사진 전시 등을 하면서 간간히 홍보 활동을 하고 있답니다.

Q 앞으로도 기회가 된다면 책을 다시 만들고 싶은가요?

A 지금 당장은 아니더라도 기회가 된다면 다시 만들고 싶어요. 책이란 매력적인 아날로그적 소통이라고 생각해요. 나의 생각과 지식을 누군가와 나눌 수 있고, 그것이 누군가에게 기쁨과 도움이 된다면 그보다 행복한 일은 없을거예요.

Q 혼자서 책을 만들고 여행작가가 되었는데, 기분이 어떠신가요?

A '나만의 책'을 출간하는 게 인생 목표 중 하나였습니다. 다만 그 첫 번째 책이 '여행'을 다룬 것이라고 생각합니다. 책을 처음 완성했을 때는 앞에서 말했던 것처럼 뿌듯하고 설레었지만, 동시에 저자로서 책임감도 동반되었어요. 저는 여행을 준비할 때 그 지역의 여행 가이드북보다는 에세이를 주로 사곤 합니다. 작가의 눈을 통해 바라본 도시의 모습과 작가의 마음을 통해 느낀 감정들이 가이드북보다 그 도시에 대해 더 잘 전달해주는 것 같아서요. 그런 책들을 읽으면서 저도 여행작가를 마음 한 구석에서 꿈꿔왔던 것 같아요. 하지만 아직은 '작가'라는 타이틀은 무겁게 느껴집니다. 그저 다른 사람들보다 여행을 많이 다녀왔고 여전히 떠나기 좋아하는, 그리고 사람들과 소통하기 좋아하는 평범한 사람이라고 생각해요.

이
지
섭

《아이슬란드 1700/70》

불혹을 바라보는 전직 패션 디자이너로 지금은 목공
과 가드닝을 배우고 있습니다. 작은 텃밭을 통해 한창
농사의 즐거움을 체험 중입니다. 책 만들기에 입문함
으로 어릴 적부터의 꿈을 하나 이루었구요. 이렇게 차
근차근 내가 좋아하는 일을 하며 행복을 찾아가는 과
정이 좋은 삶이라 믿고 실천하려고 노력 중입니다.

Q 직접 만드신 책을 소개해주세요.

A 《아이슬란드 1700/70》이라는 제목 그대로의 책이에요. 아이슬란드 해안 도로를 따라 1700㎞를 70시간 만에 일주한 여정을 기록한 독립출판물입니다. 2015년 봄과 여름, 넉 달 동안 남편과 함께 유럽의 스무 개 남짓한 지역을 여행했는데, 가장 짧은 일정이었지만 제일 강렬했던 곳이 바로 아이슬란드였어요. 그 순간의 느낌을 짧은 글과 사진으로 담았어요.

Q 책을 만들고 싶었던 이유는 무엇인가요?

A 기억하기 위해서요. 보통의 부부가 생업을 그만두고 몇 개월 동안 여행을 한다는 게 사실 별난 일이잖아요. 그만큼 주변으로부터 걱정과 함께 선망과 응원을 받으며 떠난 여행이었어요. 돌아온 후 여행이 어땠는지 궁금해하는 가족과 지인들에게 그 순간과 느낌을 이야기해 주고 싶었어요.
사실 여행을 다녀와서 한두 달은 심신이 피곤해서 아무것도 할 수 없었는데, 그 사이 기억은 하루가 다르게 옅어지고 일상은 밀물처럼 빨리 차오르는 것이 너무 아쉽더군요. 그래서 뭐라도 기록을 남겨야겠다는 생각이 들었어요.

Q 마음 속에 담아 두었던 책 만들기를 직접 시작하게 된 계기는 무엇인가요?

A 기록을 하려고 여러 가지를 궁리하던 차에 그러니까 여행 폴더를 만들까, 블로그를 해 볼까, 아니면 글쓰기 책을 먼저 읽을까 생각하던 중에 우연히 홍유진 작가의 '나만의 여행책 만들기' 강좌를 알게 되었어요. 평소에 생각은 많고 실행력은 떨어지는 저로서는 이게 딱이다 싶었지요.

Q 책은 어떤 과정으로 만들었나요?

A 한마디로 말하자면 넓고 얕게 시작하여 좁고 깊게 들어갔습니다. 그전까지는 책을 만든다는 상상조차 한 적이 없었던 터라 처음에는 마음만 있었지 막막한 백지 같은 상태였어요. 그저 강의를 따박따박 따라가보자 생각했지요. 대략의 큰 그림을 그려본 후 점점 구체적으로 진행하니까 개념이 잘 잡혀서 수월했어요.

Q 본격적으로 책을 만든 기간은 얼마 정도인가요?

A 2015년 11월 17일 워크숍을 시작해서 2016년 2월 23일에 책이 나왔으니 14주, 약 3개월이 걸렸습니다. 수업을 듣는 6주 동안 초고와 사진을 가지고 첫 번째 샘플북을

완성했어요. 거기서 원고를 좀 더 퇴고하고 책의 디자인을 수정해 두 번째 샘플북을 만든 후 최종 보완, 본 인쇄에 들어가기까지 이래저래 두 달 정도 더 작업한 셈이죠.

Q 어려웠던 점은 무엇이고, 어떻게 해결하셨나요?

A 첫째는 글쓰기. 구성과 디자인을 하기 전에 원고가 준비되어 있어야 하는데 글 솜씨가 미흡하다보니 작업 속도는 느려지고 글은 장황해지더군요. 그래서 글을 되도록 간결하게 쓰고자 노력했고, 좋아했던 글들을 계속 떠올리며 다듬었어요.
둘째는 디자인하기. 손으로 레이아웃을 그려내기는 쉬웠지만 모든 작업을 직접 실현하는 막막했어요. 인디자인 원데이 클래스를 따로 듣고는 책을 완성할 수 있었습니다. 마지막으로 샘플북이 나온 상태에서 인쇄소 견적 문의 및 섭외가 어려웠어요. 전혀 모르는 분야였으니까요. 그래도 어떻게든 되더군요.

Q 책을 만들고 난 직후 기분은 어땠나요?

A 사실 '드디어 털어냈구나' 하는 기분이 들었어요. 작은 책인데 생각보다 오랫동안 손에 쥐고 있다는 느낌이 있었거든요. 그리고 여행의 후유증으로 허탈감을 느낄 무렵이었는데, 미흡하지만 결과물을 온전히 내 손으로 만들어냈다는 뿌듯함이 있었습니다.

Q 첫 책 제작 이후 어떤 활동을 하셨나요?

A 입점 문의를 많이 했어요. 책이 나오길 기다리는 동안 인터넷으로 전국의 독립출판 서점을 샅샅이 뒤져 목록을 만들었습니다. 서점의 콘셉트와 안 맞는 곳을 제외하고는 되도록 많은 서점에, 특히 지역마다 꼭 한 군데씩은 입점하고 싶었어요. 저는 홍보력이 없었기 때문에 가능한 많은 서점에 진열되어 많은 독자를 접하는 것이 책을 홍보하기 위한 최선이라고 생각했거든요. 그 결과 제 책은 서울 열한 곳 정도와 부천, 용인, 천안, 청주, 충주, 전주, 대전, 대구, 포항, 부산, 광주 그리고 제주도 등 전국 각지 열다섯 군데의 작은 서점에 입고되어 있습니다.

Q 앞으로도 기회가 된다면 책을 다시 만들고 싶은가요?

A 물론 다시 만들고 싶어요! 하고 싶은 이야기가 아직 많이 남아 있으니까요. 아직도 많이 부족하지만 책 만드는 과정이 너무나 재미있었고, 무엇보다 가끔 SNS로 책 잘 읽었다는 분들의 메시지를 받으면 굉장히 고맙고 기뻐요. 많지 않더라도 나와 비슷한 정서를 가진 사람들과 공감할 수 있다는 사실이 참 좋더라고요.

Q 혼자서 책을 만들고 여행작가가 되었는데, 기분이 어떠신가요?

A 초등학교 시절에 누구나 한번쯤 글 쓰는 일을 하고 싶다는 막연한 꿈을 꾸잖아요. 저도 그랬던 적이 있지만 살면서 어느새 희미해져 있더라고요. 개인적으로 책을 내긴 했으나 아직 여행작가가 되었다는 기분은 들지 않아요. 주변에서 작가님이라고 부를 때는 장난치는 것만 같아 쥐구멍에 들어가고 싶습니다. 좀 더 잘 만들걸 하는 후회와 부끄러움 때문이겠죠.

김다영

《남미읽기》

안녕하세요, 저는 김다영이라고 합니다! 여행을 좋아하는 여행자이자 지리학을 공부하고 있는 대학생입니다.

BOARDING PASS

NAME :

FIRST NAME / FAMILY NAME

DATE :

DATE / MONTH / YEAR

FROM :   TO :

Republic of   ✈   Colombia
Korea   /Ecuador

🕐 -14hrs / UTC -5hrs

SEAT :

0 2 2

궁금증 ✈

Q 직접 만드신 책을 소개해주세요.

A 《남미읽기》는 길면서도 짧은 5개월 동안 혼자 여행했던 남미 8개국에서의 이야기를 담은 시리즈 형식의 책입니다. 여행하면서 기록한 매일의 느낌, 이야기, 그림을 담았어요. 《남미읽기1: 콜롬비아/에콰도르》는 제가 만든 첫번째 책으로 비행부터 호스텔, 먹거리, 만남 등 모든 것이 처음이었던 콜롬비아와 에콰도르에서의 이야기입니다.

Q 책을 만들고 싶었던 이유는 무엇인가요?

A 남미에서의 5개월을 많은 사람들과 나누고 싶었던 게 가장 컸어요. 다들 '남미 어땠어?'라고 물었는데, 모든 게 다 좋았던 저는 그냥 통틀어서 '좋았어'라고 밖에 표현하지 못하는 게 아쉬웠어요. 저처럼 남미에 호기심이 있는 사람, 마음은 있지만 떠나지 못하는 사람들이나 여행을 좋아하는 사람들과 이 책을 통해서 소통하고 싶었죠.

Q 마음 속에 담아 두었던 책 만들기를 직접 시작하게 된 계기는 무엇인가요?

A '나만의 여행책 만들기' 강의가 큰 도움이 되었어요. 출판사를 알아볼까 고민하던 중에 친동생이 이 강의를 소개시켜줬고, 그냥 '독립출판은 어떻게 이뤄지나 알아보자' 하는 마음으로 갔다가 많은 정보들을 배울 수 있었죠.

Q 책은 어떤 과정으로 만들었나요?

A 여행하면서 썼던 일기장을 정리하며 넣고 싶은 글들을 추렸고, 하나의 롤모델을 정해 책의 판형, 제본 방식, 면수 같은 것을 정했죠. 그 다음엔 사진들을 정리하고 디자인했어요. 디자인은 지인의 도움으로 좀 더 완성도 있게 나올 수 있었습니다.

Q 본격적으로 책을 만든 기간은 얼마 정도인가요?

A 사실 6주 과정인 수업 중에는 다 완성하지 못했어요. 그래도 그때 배웠던 출간 기획, 레이아웃과 기본적인 사항 등을 바탕으로 몰입해 바짝 작업했고 총 2달 정도 걸렸던 것 같아요.

Q 어려웠던 점은 무엇이고, 어떻게 해결하셨나요?

A 디자인이었던 것 같아요. 때마침 도움을 줄 수 있었던 지인 덕분에 완성도 있게 마무리 할 수 있었어요. 다음으로 어려웠던 건 인쇄였어요. 무엇보다 전문지식이 필요

한 분야였고, 현장에서 변수가 너무 많았거든요. 그래도 종이 종류 등 기본적인 정보를 배운 터라 혼자 도전할 수 있었어요.

Q 책을 만들고 난 직후 기분은 어땠나요?

A 책이 왔다는 소리를 듣고 아르바이트가 끝나자마자 달려갔어요. 뿌듯함과 후련함, 즐거움이 공존했죠. 출간된 책을 두 눈으로 확인했을 때 '하, 진짜 됐다!'라고 소리치고는 그 동안 못 잤던 잠을 몰아서 잤어요.

Q 첫 책 제작 이후 어떤 활동을 하셨나요?

A 책이 나온 초반에는 독립서점 이곳저곳에 입고를 하러 다녔어요. 상상마당에서 주최하는 '어바웃북스'와 '상상박스', 서점 스토리지북앤필름에서 주최하는 '언더그라운드 마켓' 등 책 관련 행사에 참여하기도 했어요.
〈시사 인천〉과 〈오마이뉴스〉 등 신문사, 인하대학교에서 발간하는 〈인하 타임즈〉 등과 인터뷰도 했고요. 처음 책을 준비할 때는 강연이나 토크쇼를 하면서 사람들을 많이 만나고 싶었는데 지금은 사정상 거의 활동하지는 못하고 있어요.

Q 앞으로도 기회가 된다면 책을 다시 만들고 싶은가요?

A 네! 만들고 싶어요. 언젠가 모든 시리즈를 완성하고 싶거든요. 아직 못한 이야기도, 사람들에게 소개해주고 싶은 곳들도 많이 남아 있어요. 또 처음 목표했던 것처럼 제 책을 통해 사람들과 많은 이야기를 나누고, 경험을 공유하고 싶어요.

Q 혼자서 책을 만들고 여행작가가 되었는데, 기분이 어떠신가요?

A '여행작가'라는 말이 아직은 쑥스럽고 어색해요. 그래도 여행이 가고 싶을 때마다 여행작가가 되고 싶은 것 같아요. 그럼 평범한 일상도 여행처럼 느껴지니까요. 가끔은 이런 감정을 SNS에 남기기도 해요. 여행작가처럼!

생각정거장

생각정거장은 매경출판의 새로운 브랜드입니다. 세상의 수많은 생각들이 교차하는 공간이자 저자와 독자가 만나 지식의 여행을 시작하는 곳입니다. 그 여정의 충실한 길잡이가 되어드리겠습니다.

계획에서 출간까지 6주 만에 완성하는
나만의 여행책 만들기

초판 1쇄 2016년 8월 10일
   3쇄 2017년 8월 25일

지은이 홍유진
펴낸이 전호림
책임편집 이정은
마케팅·홍보 황기철 김혜원 정혜윤

펴낸곳 매경출판㈜
등 록 2003년 4월 24일(No. 2-3759)
주 소 (04557) 서울시 중구 충무로 2 (필동1가) 매일경제 별관 2층 매경출판㈜
홈페이지 www.mkbook.co.kr **페이스북** facebook.com/maekyung1
전 화 02)2000-2631(기획편집) 02)2000-2636(마케팅) 02)2000-2606(구입 문의)
팩 스 02)2000-2609 **이메일** publish@mk.co.kr
인쇄·제본 ㈜M-print 031)8071-0961
ISBN 979-11-5542-512-1(03980)

DEPARTMENT OF HOMELAND SECURITY • U.S. CUSTOMS AND BORDER PROTECTION
ADMITTED
ATL
JUL 18 2008
AUG 16 2008
CZ
23.05.10 92
PRAHA - RUZYNĚ
A017
中国边防检查
09.16 D6BA
2006 • 0105
09.24 D6BA
10 JUL 09 E
QUINTANA ROO
06.07.05 55
2009
06.08 05
KUDOWA SŁONE
SG
07.05
2008 • 0262
27.06.10 79
PRZEMYŚL

MADRID - BARAJAS
ADMITTED
ATL
JUL 18 2008
AUG 16 2008
中国边防检查
09. 16 D6BA
2006 · 0105
09. 24 D6BA
QUINTANA ROO
CONTROL MIGRATORIO
CHILE
06.07.06 55
07. 05
07. 13
2008 · 0262